...mande cher ... [illegible]

particulier pour faire dire une messe
pour le bon pere, le bon mari, nous
i, mais comme le pere est le plus
la sainte de tous ces saints et des
mort j'ai preferais [illegible] que de
i, sans doute nous avons les pour
heureux le bon Vergeron, mais
il ne faut pas negliger de
faire prier autant que possible
...ulle que tu le pensa ainsi cher
pour cela comme pour tout j'espere
partagerons toujours les meme sentiments
Dans la lettre de votre chere
...ne tu desirais savoir comment
...is le portrait de votre bon pere
...ai en medaillon, pour porter le
... moi, allons [illegible] pour qu'il pensa
...bler, et tout a fait pour le
Comme le tien est tout a fait
je n'ai jamais vu une ressemblance
...ita, he est un cadeau bien precieux
...me ferai las cher armand auguste
...il ne peut pas ecrire il doit aller
...et toute [illegible] il est occupe

nous avons bien
quitte le [illegible]
ete [illegible]
et un bien
[illegible]
...tinuellement
...cette chose,
...etre ensemble
avons demain
dimanche la
...jour de [illegible]
... nous avons
apres demain
elle est [illegible]
avons [illegible]
est etait
[illegible], sans
le bonheur,
nous aurions
[illegible] pas de
cette terre,
meilleure [illegible]
... Vas ...
... le moins
... tout ...

[illegible] aussi cher [illegible]

particulier pour faire dire une messe
[illegible] le bon pere le bon mari, mon
mari comme le jour est le plus
la feste de tous les Saints et des
[illegible], j'ai preferai [illegible] que de
Sans doute nous avons [illegible]
heureux le bon [illegible], mais
il ne faut pas negliger de
faire prier autant que possible
[illegible] que tu le penses ainsi cher
[illegible] comme pour tout j'espere
partageons toujours les memes sentiments
dans la lettre de notre cher
tu desirais savoir comment
le portrait de notre bon pere
en medaillon, pour pouvoir le
moi, attendu que pour qu'il puisse
[illegible], et tout a fait pour la
comme la [illegible], c'est tout a fait
[illegible] jamais vu une ressemblance
[illegible] c'est un cadeau bien precieux
[illegible] cher armand [illegible]
ne peut pas t'ecrire, il doit aller
et toute [illegible] il est occupe

nous avons bien [illegible]
quitter le [illegible]
ete [illegible],
et un bien
penserons avec
[illegible] de
cette chose, il
[illegible] ensemble
nous devons [illegible]
dimanche, la [illegible]
toujours de [illegible]
nous avons
apres demain [illegible]
elle est [illegible]
avons [illegible]
[illegible] etait [illegible]
[illegible], sans [illegible]
le bonheur, [illegible]
[illegible] aurions
[illegible] pas de
[illegible] terre, [illegible]
[illegible] vie;
[illegible]
[illegible] le [illegible]
[illegible]

mande avec ... pour ...

particulier pour faire dire une messe
pour le bon pere le bon mari, nous
mais comme le prix est le plus
le seule de tous les Saints et des
mort, j'ai preferais davantage que de
Sans doutte nous avons les pour
heureux le bon Vergeron, mais
il ne faut pas negliger de
faire prier autant que possible
qui que tu le pense ainsi cher
pour cela comme pour tout j'espere
partageons toujours les meme sentiment
dans la lettre de notre chere
ne te deciderais savoir comment
le portrait de notre bon pere
en medaillon, pour porter le
moi, allais grand pour qu'il peutt
bleau, et tout a fait pour le
Comme le tien, est tout a fait
je n'ai jamais vu une ressemblance
ka lit un cadeau bien precieux
ne ferais las cher armand ungrat
il ne peut pas tenir, il doit aller
et toute lamentence il est

nous avons bien
quitte le tant
eté embar
et un bien
pensons
tinuellement
tete chose,
etre ensemble
Nous demain
dimanche, la
toujours de tous
nous avons
apres demain
elle est chose
avons per
est etais
aleine, sans
le bonheur,
nous aurions
sous pas de
tte terre,
veillera sur
sur la Vas
aux le
occupation tout

毛線手套編織基本功

嶋田俊之

CONTENTS

1

how to knit p.38, p.57

基本款併指手套．
別線編織無襠份的大拇指 & 左右對稱兩端減針的圓弧指套

2 how to knit p.44,p.57

基本款併指手套．
單邊加針作襠份的大拇指 ＆ 左右非對稱兩端減針的圓弧指套

3

how to knit p.48, p.58

基本款併指手套・
兩側加針作襠份的大拇指 ＆ 左右對稱兩端減針的直線指套

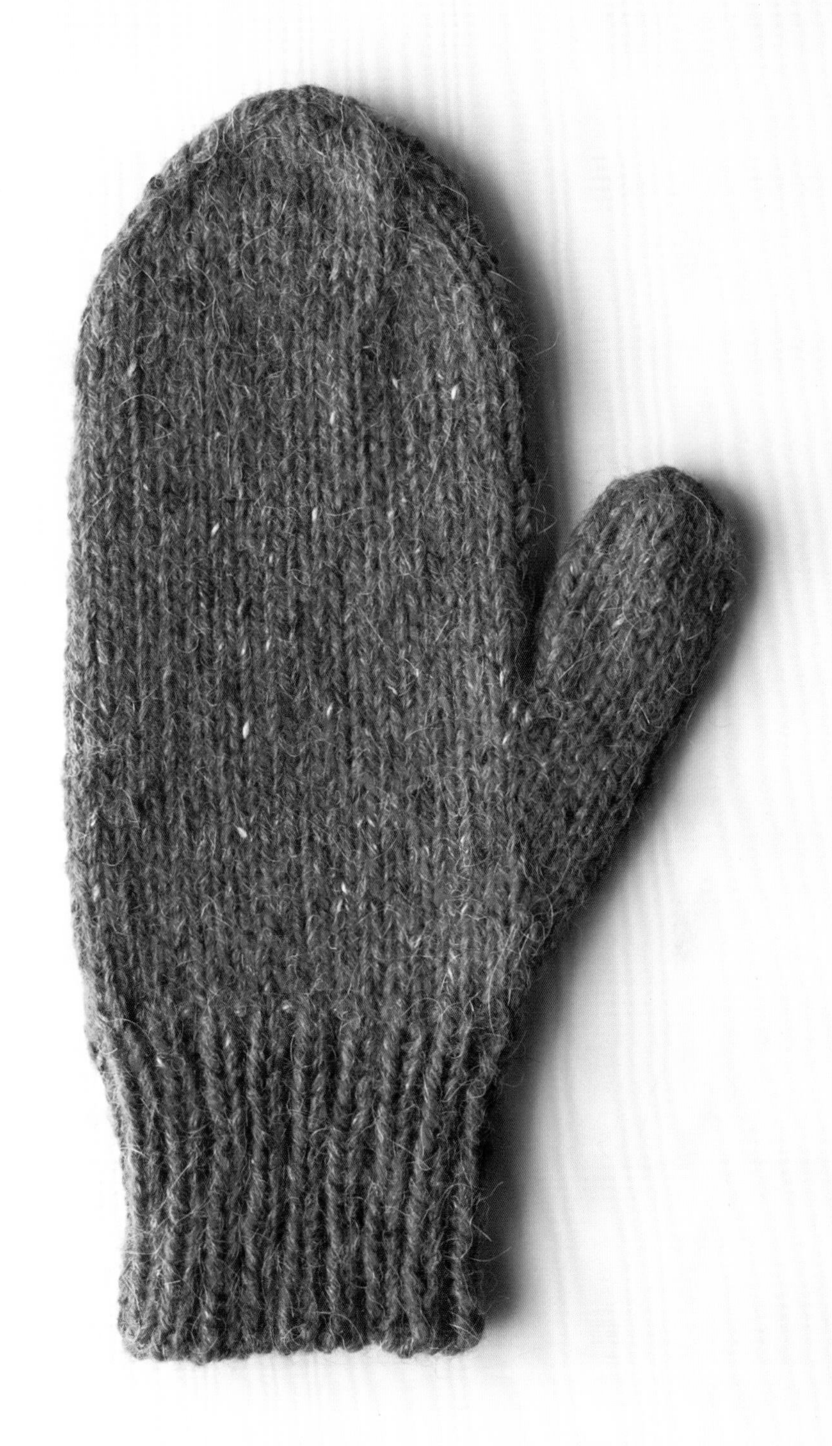

4 how to knit p.51,p.58 基本款併指手套．
從側邊延伸襠份的大拇指 ＆ 平均減針的圓弧指套

6

how to knit p.64

5

how to knit p.54, p.59

5 **基本款五指手套．單邊加針作檔份的大拇指**
& **小指位置未往下降的四指指套**
大拇指和基本款併指手套 2 相同織法，其餘為
四指指套的編織款式。

6 **基本款五指手套．以細毛線作出服貼尺寸**
以細毛線編織款式 5 的手套，作出更細緻、更合手形的手套。

7

how to knit p.56,p.59

基本款五指手套・單邊加針作檔份的大拇指
& 小指位置往下降的四指指套
以款式5為基礎，將小指位置往下調整的變化款手套，由於作成指尖部分露出的款式，因此再加上併指指套的組合。

8

how to knit p.61

9

how to knit p.62

8 **基本款五指手套變化款・地花樣**
由上、下針組合而成的地花樣和鬆緊編相同，有著絕佳的伸縮性和服貼度。

9 **基本款五指手套變化款・鑽石花樣**
以款式 8 的地織紋為基礎，在手背加上鑽石花樣和小型麻花編，就是一款十分漂亮的手套。

10

how to knit p.63

基本款五指手套變化款・鑽石花樣
以款式8的地花樣為基礎，在手背加上鑽石花樣和小型麻花編，
就是一款十分漂亮的手套。

11

how to make p.66

12 how to make p.66

11.12 鉤織花朵併指手套

將十片大小與花樣都不同的織片組合在一起，作成宛如手上捧著花束的併指手套。雙手手背併在一起就成了盛開的花田。編織白色系時，為了作出細緻的光影，使用了純白與原色這兩種顏色來鉤織。此外，為了作出蓬鬆柔軟的感覺，加上了細毛海一起編織。編織彩色款時，則是不使用毛海毛線，每一朵花的織片都以不同顏色編織，作出帶有古典風的成品。

13

how to make p.68

鉤織蕾絲婚禮手套

以細線鉤出細緻的婚禮風手套。將每片僅有2cm大小的織片仔細接合，無論是手掌部分的網狀編，手腕處側邊開口的空隙，還是手套袖口滾邊，都是針對整體的平衡感，仔細斟酌後設計而成。雖然使用了沒有彈性的蕾絲線編織，但網狀編的特性補足了這一點，依然擁有服貼舒適的鬆緊感，所有巧思都是為了這個特別的日子。

14

how to knit p.70

串珠編織手套
先將珠子穿在毛線上，進行到適當的位置再織入珠子的串珠編織。一般而言會以起伏針編織，但考慮到織入串珠後的外觀與服貼度，改以上針的平針編織。由於是很小的輪編，全部都要織上針會有點困難，因此，編織時將手套翻至正面相對的背面編織下針即可，星星花樣可以依個人喜好排列。

15

how to knit p.73

不可思議的斜織手套

回想著不知在哪兒看過的印象而完成的編織圖。不可思議的是——編織圖完全看不出來是手套，但併縫接合後就成了手套的形狀。斜線的條紋讓它充滿了趣味性，如果喜歡的段染線無法織出想要的條紋時，不妨以剪線、接線的方式來編織，也可以將零碎的線材接起，作出喜歡的彩色條紋。

鉤織毛海玉針併指手套

以蓬鬆的毛海線材編織出具有懷舊氣息的浪漫風格。手掌側為長針的松編，手背則鉤了許多中長針的變形玉針作出分量感。由於大拇指的開口和編織都是直線，因此十分適合初學者學習。可以按照個人喜好，在手套袖口部分加上古典鈕釦等，就能享受各種裝飾組合的樂趣！

17

how to make p.76

18 how to make p.76

17.18 短針鉤織的五指手套

以鉤針來編織簡單的五指手套吧！只要以短針一圈一圈的鉤織就好，是最適合初學者當作練習的款式。設計雖然簡單，但是若使用加入亮片的變化性線材或改變線材的顏色，不管是華麗風還是休閒風都能搭配。考慮到服貼度和伸縮性，針目請稍微鉤得鬆一點。編織手指部分時，長度鉤到比預計的稍微短一點，戴上手套時看起來會更漂亮喔！

19

how to knit p.77

北歐風・麋鹿花樣手套

以北歐風的手套款式與麋鹿花樣來作組合變化。手腕以雙色毛線起針，織出有如正統北歐風的箭羽圖案，再編織接連不斷的葉片花樣，作出顏色變化，完成正好可以搭配當季服裝的併指手套。麋鹿圖案的方向和位置皆依循正統，手掌側則織入了少見的喜愛花樣。大拇指指腹的圖案與手掌側的花樣對稱，直到細微部分的收尾都要注意調整花樣。

方格編・拼圖般的五指手套

這個看起來像是籃子的編法，其實可以運用在各種衣飾小物的設計，這次則是作成手套。蘇格蘭有一款設計是組合正方形織片的Sanquhar手套。於是我以類似的發想，組合出連指尖都宛如拼圖的方格編。和Sanquhar手套相比，由於這款作品的針目作成斜紋，因此戴在手上的服貼感絕佳，再加上方便穿戴的開口，就連細節也很講究。

扭針編織的細緻典雅手套

自古以來就可以在澳洲和德國南邊看到類似ARAN花樣的扭針圖案，將這花樣與細線搭配，從手背延伸至指尖。無論是如流水般，從手腕的花樣轉變到手背圖案的平衡感，還是大拇指根部的三角襠份、收尾花樣等，連細節也作出細微的調整。纖細的氛圍不論出現在哪種場合都很適合。由於是直線延伸的連續圖案，製作上沒有外觀看起來這麼困難喔！

簡單鏤空花樣的露指手套

挪威當地保存著一件相當古老，以白色粗線編織的手套。雖然是相當簡單的鏤空花樣，但或許也可以認為是蕾絲手套原點的存在吧？以此為靈感設計出的手套，是以掛針和2併針完成的簡單鏤空花樣。選擇不同顏色，以輪狀一圈圈編織到最後作成露指款式，就成了風格完全不同的休閒感款式。

結合麻花・鏤空與費爾島花樣的露指手套

巧妙結合麻花編和藤編的鏤空花樣。手腕部分織入費爾花紋，加強了手腕形狀的存在感。以上等喀什米爾毛線和細針編織的地花樣，營造出隨性又優雅的風情。從手背呈環狀延伸至手指長度的古典風設計，展現出細緻的精品感。可以襯托美麗的指甲彩繪，也很適合搭配和服。

24

how to knit p.88

費爾花樣的秋色手套

雪特蘭島流傳下來的費爾花紋編織，即使在傳統編織中也不太常見。使用大量色線和懷舊感的傳統花樣充滿了魅力。確定主要的費爾花紋之後，更重要的就是其他花樣的配置和顏色組合。手背上的圖案以藏有心型的雪花為中心，在各部位分別織入花樣。

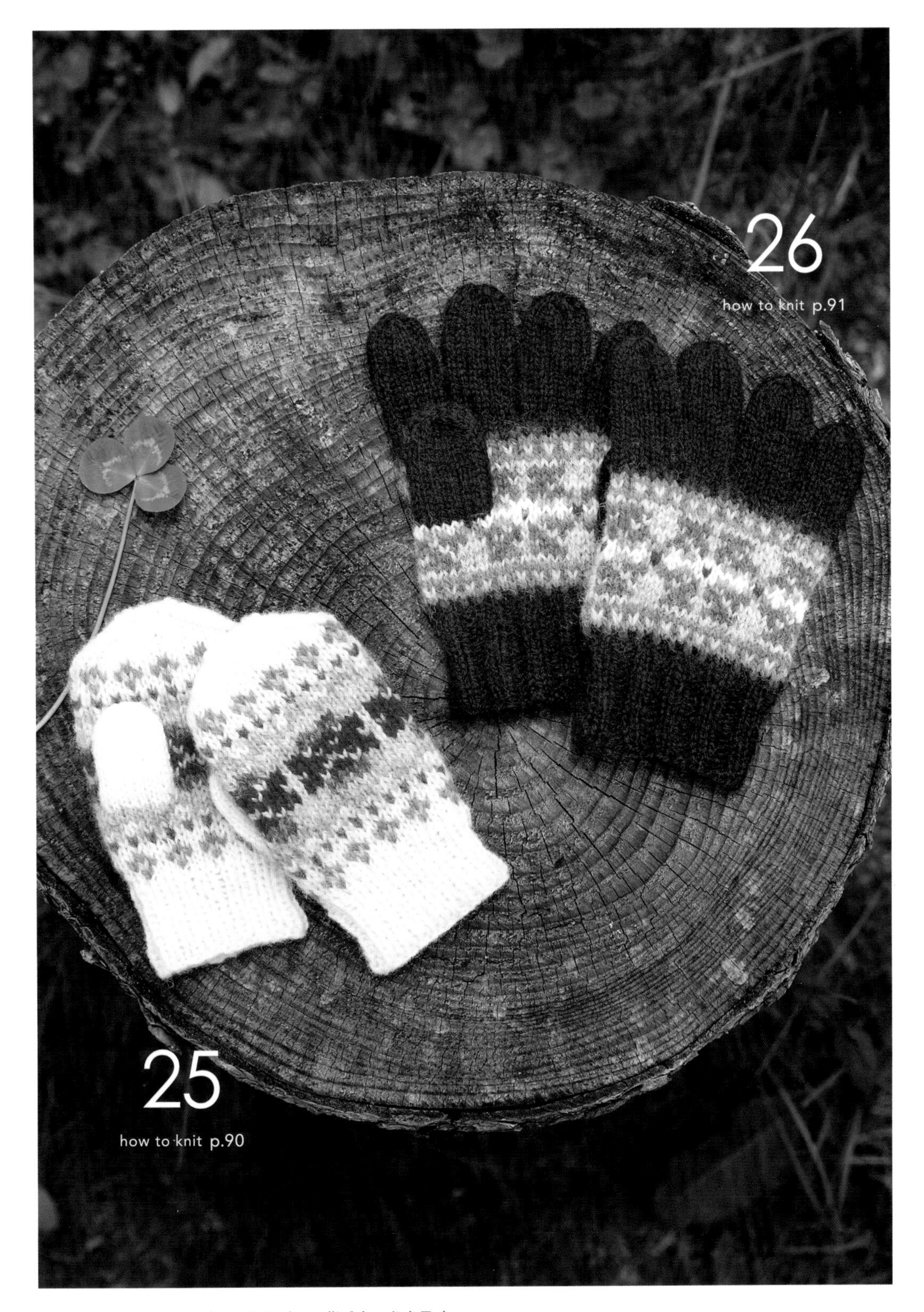

25.26費爾花樣的併指手套・嬰兒尺寸　五指手套・兒童尺寸

這是少見的小尺寸費爾花紋手套。尺寸越小，圖案大小和組合的平衡就越困難。此外，由於手的比例和成人不同，因而有著可愛的氛圍。平常不太會使用到的鮮豔色彩運用在兒童手套上，更讓人覺得可愛和活潑呢！

27

how to knit p.92

27

北歐風・挪威的併指手套

有一款代表挪威的傳統手套，是被稱為Selbu（意即挪威）的併指手套。這些流傳至現代的古老手套，每一款都充滿著先人費盡心思的痕跡。不管哪一件都有著讓人百看不膩，並且幾乎是獨一無二的豐富設計性。將這些花樣稍微變化，以貼近自己的風格來編織看看。每一區塊都有各自的圖案，大拇指與虎口連接成完整的花樣，無論是獨特的手腕設計，還是男、女位置等，包括這些小細節，有半數以上都是我的創意，就這樣完成了這副黑白兩色的手套。

28

how to knit p.94

雪特蘭島・蕾絲風的露指手套

以雪特蘭島的蕾絲為基礎作變化。蕾絲編織的臂套部分以針號調整尺寸，接著就只有一圈圈織到手背而已，並沒有想像中的困難喔！這是以春夏線材編織，設計成可以遮擋日曬的手套。緣編也講究地加上細緻的雪特蘭蕾絲，更顯典雅、清秀。

方格編併指手套

直接將宛如提籃花樣的織片作成併指手套。看起來似乎很困難，但因為是以方格編為主，所以左、右手都織成相同的筒狀，再接上大拇指，其實只有指尖的織法和接縫不同而已。除了段染線之外，也可以使用兩種顏色的線材交互編織，或是將喜歡的零碎線材隨意組合來改變顏色，就算純粹只有單一顏色，也可以充分享受編織的樂趣。

居爾特風ARAM花樣手套
利用繁複接連的麻花花紋，織出宛如愛爾蘭居爾特風格的花樣。以上針平編為底，讓麻花紋路清晰浮現。手腕部分則活用鬆緊針的伸縮特性加上麻花編，設計成自然而然朝手背連結在一起的圖樣。清晰明顯的麻花編紋路也和Aran花紋毛衣一樣，頗適合男性。

準備開始

……編織手套之前

• 密度 •

織片密度是指10cm四方形內編織的針目和段數。本書作品的尺寸也是藉由密度來表示及計算，無論併指手套或五指手套都是以小型環編編織，因此以粗毛線製作或織入圖案而較厚時，因為會有內外圍的尺寸差異，或許會發生覺得尺寸大了些，但實際戴上去合手的狀況。若想織出預期的尺寸，在編織時就要經常確認服貼感，以更換編織針號數等方式來調整。

• 工具 •

由於毛線手套基本上是以環編進行，因此以棒針編織時，要使用四根或五根一組的短針。或是以長度較短的輪針來編織也可以（起針時還是會有使用長棒針的情況）。

• 材料 •

彩色頁雖然展示單隻手套，但材料標示皆為一雙的毛線用量。重量標示均為大約的數值，建議可準備稍多的材料分量，以備不時之需。

• 編織圖 •

織法解說圖都是以右手為主。雖然手套基本上都是左右對稱，但左右手設計不一樣，或不太容易理解時，仍然會分別解說兩手的作法。

• 顏色 •

書中所呈現的作品顏色，基於印刷或線材染色批次的影響，可能會產生與實際顏色有所出入的情況。

• 尺寸調整 •

雖然接下來的作法頁都有標示手套的完成尺寸，但為了確保平針編織作品的合手程度，請務必一邊確認尺寸，一邊調整針目數和段數。若是地花樣或需要織入花樣而不容易加減針的情況，請變更編織針的號數，盡量作出接近預定尺寸的大小。此外，也可以藉由變更線材粗細來調整尺寸。如果無法實際確認是否合手時，請參考手套尺寸表和併指手套的比例來編織（p.38與p.53）。

• 其他 •

★起針要從小指側的手腕開始編織。雖然也可以按照個人喜好選擇起編處，不過一般來說，小指側的手腕是自己或他人都不容易看到的地方，所以從這裡起針較佳。此外，基於編織五指手套的四指指套時，也會想要儘量避免剪線、接線就能完成的緣故，因此建議挑小指手腕側起針。

★編織手指指套時，若按照針數編織卻過於寬鬆，不是自己想要的貼合度時，可以在挑針後，於不明顯的地方減去所需針數。另外，由於大拇指的指根粗細和長度會因人而異，因此編織大拇指指根時可以稍微挑幾針作減針。相反的，織圖尺寸太窄時則可以多加幾針，或是直接改變大拇指開口的針數。

★五指手套指尖減針（包含大拇指）的方式，並不是只能按照p.55的織圖來編織才行。若想作出圓弧感，在倒數第二段才減針即可；若是想作出俐落的方角，就要提早開始一點一點的減針，才能作出希望的曲線。減針的針目可以按照喜好，織成朝一邊傾斜或是左右對稱。

織入花樣的手套由於要先考慮圖案的排列，因此不能以平均減針來編織，而是要在指尖兩側作減針。

★併指手套的指套減針。基本款併指手套的減針，是在手掌和手背連接處呈現無空隙的兩針併列。但是若想作出厚度或使用細線編織的情況下，在手掌和手背側的減針針目之間多織幾針讓針目立起來也可以。請將想作的款式、線材粗細，以及風格一併考慮進去，按照希望來調整吧！

★關於大拇指的連接，書中介紹了盡可能不會開孔，以扭針或2併針減針來編織的技巧。但畢竟是立體編織，免不了會有出現空隙的狀況。如果已經為了讓作品更完美而費盡心思、運用許多技巧，卻還是出現令人介意的空洞時，可以在編織完成後，將相同的毛線穿入縫針，從內側穿針收緊空隙，作出不會綻開的處理。

★在毛線手套編織基礎裡介紹了六種大拇指的織法。不管挑選哪種織法，都和大拇指襠份的形式沒有關係。此外，編織大拇指時可以使用別線，也可以直接作捲加針來進行。除了書中介紹的織法之外，應該也有其他的簡易作法。

★除了毛線手套編織基礎裡的基本款，書中也有許多注重美感、組合兩種織片的地花樣，或是織入配色圖案等設計元素的手套。此外，請務必一邊考慮線材風格的統合、合適大小的手感，一邊嘗試看看各種不同的大拇指編法、襠份變化、指尖形式，以及鬆緊編的設計等。也可以參考應用作品的編織圖及步驟解說，作出專屬於你的風格與尺寸。

★和從腳尖開始編織的襪子相同，從指尖開始編織的手套（包含五指手套）也有小技巧。除了特殊的編織以外，若是以容易修補的角度來考慮，由手腕側起針編織應該是最適當的。修補時針目稍微跑掉也沒關係，也能以編織時相反的方向來編織。這些經過長久歲月發展出既定形式的傳統編織，透過代代流傳而確立了合理性，屢屢讓我窺見盡可能輕鬆完成修補的精采技藝。現今與一般編織方向相反的新技巧，或許是這個不需要花工夫修補的富裕時代所贈與的禮物呢！
另外，鬆緊編的部分也一樣，以別線鎖針起針等方式，從手掌和手背的側邊開始編織，之後再解開別線，織鬆緊針即可。

毛線手套編織基礎

編織手套是件令人愉快的過程。只要了解基本款式的編織方法，剩下的細節處理也就沒有那麼困難，畢竟只是手掌大的編織小物。本單元將介紹基本款的各式大拇指織法，以及會影響手套整體外型的重要部分——也就是各類型指套的作法。為了讓各位更容易比較出形狀以及織法的差異，這裡將盡可能以條件相同的針目、段數和完成尺寸來説明。只要將不同的大拇指織法和指套外形組合，就能搭配出許多款式。請依個人喜好和技術來編織吧！要編得粗獷些還是服貼點？或是平針編織之外再織入地花樣增添變化？請依據線材、顏色和完成款式，編織出夢想中的手套吧！

【材料】ROWAN Felted Tweed Aran（並太）
黃綠色（726）・淺褐色（721）・淺紫色（724）・紅色（723）各 70g
橘色（722）・深紫色（731）各 75g
【工具】5 號棒針 4 根一組或 5 根一組（起針與鬆緊編部分）
6 號棒針 4 根一組或 5 根一組（平針編織部分）
【密度】6 號棒針 平針編織 20 針 30 段＝10 ㎝四方形
【完成尺寸】以下為共通尺寸
手掌圍＝手掌寬 9 ㎝× 2 ＝ 18 ㎝（36 針）
手掌長＝ 18 ㎝（54 段）
鬆緊編長＝ 6.5 ㎝（20 段）
大拇指開口位置＝從手腕開始 6 ㎝（17 段）
大拇指長度＝ 6 ㎝（17 段）

併指手套

A・別線編織無襠份的大拇指 &
Ⅰ・左右對稱兩端減針的圓弧指套
→ p.38、作品 1（p.4）織法 p.57

B・單邊加針作襠份的大拇指 &
Ⅱ・左右非對稱兩端減針的圓弧指套
→p.44、作品2（p.5）、織法p.57

C・兩側加針作襠份的大拇指　&
Ⅲ・左右對稱兩端減針的直線指套
→p.48、作品3（p.6）、織法p.58

B・單邊加針作襠份的大拇指　&
Ⅴ・小指位置未往下降的四指指套
→p.54、作品5（p.8）、織法p.59

D・從側邊延伸襠份的大拇指　&
Ⅳ・平均減針的圓弧指套
→p.51、作品4（p.7）、織法p.58

B・單邊加針作襠份的大拇指　&
Ⅵ・小指位置往下降的四指指套
→p.56、作品7（p.9）、織法p.59

併指手套

●完成尺寸與原型

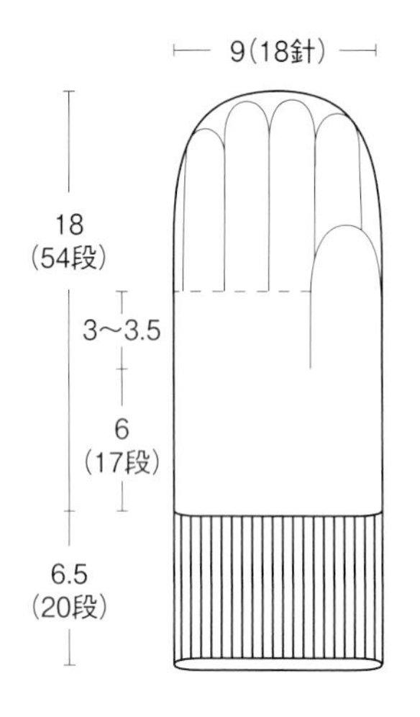

●併指手套的平衡比例

從併指手套的原型和形成定義來看，正如圖示，每個寬度、高度都有密不可分的關係，想作出漂亮的比例，平均分割是相當重要的關鍵。請以此基本比例為基準，編織出適合的尺寸吧！

（圖示基本上是大人尺寸的比例，兒童手套的比例則另有基準，請根據〈參考尺寸表〉來調整）。

●併指手套尺寸表〈參考尺寸表〉

由於是大略的參考尺寸，編織自己或親朋好友的手套時，請一邊確認預定尺寸一邊編織。

併指手套的平衡比例　單位為cm

手掌圍 18
手掌長 18
大拇指長 6
大拇指圍 6
手背
手掌
鬆緊編長度（隨意）

併指手套尺寸表(參考尺寸表)

年齡＼名稱	手掌圍	手掌長	大拇指圍	大拇指長
1～2歲	12	9	4.5	3
5～6歲	13.5	11.5	5	4
8～9歲	15	13.5	5.5	4.5
13～14歲	17	17	6	5.5
女子	18	18	6	6
男子	20	19.5	7	6.5

A・別線編織無襠份的大拇指 &
I・左右對稱兩端減針的圓弧指套

A・在基本款的筒狀併指手套上直接編織大拇指，這是最簡單的織法。手掌圍的針數不變，所以稍微織鬆一點比較好。不過，也別忘了把毛線具有伸縮性的優點一起考慮進去喔！針數不變除了容易調整尺寸，同時也便於編織素色手套以外，那些織入配色圖案或地花樣的變化款手套。除了平針編織，進行地花樣或整片圖案時，指尖部分按IV織法作平均減針，就可以完成不分左右手的手套。

大拇指開口位置的針目是以別線鎖針起針，之後再解開別線編織的作法，所以開口下方起編的針數和上方的起編針數只有1針之差，幾乎是挑相同數量的針目。由於與B、C、D的捲加針編織法不同，不能在編織時按喜好調整針數，因此決定大拇指開口的針數時就要多加注意。這裡將按照右上方〈併指手套的平衡比例〉示意圖，取手掌寬度三分之一的針數。

若是編織整體都有花樣的手套，由於這種之後解開別線編織大拇指的作法，開口上方會比下方多半目，再加上不容易從開口上方挑針編織圖案，因

此這時比較適合選擇B、C、D的大拇指款式，也就是一邊編織捲加針，一邊織入花樣的作法。不過，如果花樣手套的大拇指為素色（1色）時，在別線編織後，再以大拇指編織線（1色）織一段大拇指開口（大拇指開口位置多編兩段），以基本作法編織手掌和手背的話，也能作出漂亮的成品。

大拇指的起針有好幾種挑針法，而這裡介紹了常用的三種作法。請挑選自己喜歡的織法，並且盡可能找出在挑針編織開口時，不會讓起編處產生空洞的織法。編織地花樣之類的手套時，則要以如何連接花樣來考慮織法的選擇。

I • 由左頁〈併指手套的平衡比例〉來看，基本款併指手套的指尖接合部分，約佔手掌的1/3。這是先在指套中央保留能作出平整線條的針數，再於兩端靠近指尖的部分減針，作出圓弧線條的例子。包含指套款式II、III在內，減針狀況與指尖接合的針數請按自己喜好來決定吧！此外，包括指套款式II在內，指尖處無論是以平針併縫，翻至反面以引拔併縫，還是套收引拔等方式來接合都可以。但是直到邊緣都有編織花樣或圖案的手套，若是以平針併縫來收針，針目會有半針的偏移，使得手掌及手背無法完全對稱，請盡量避免這種情況。

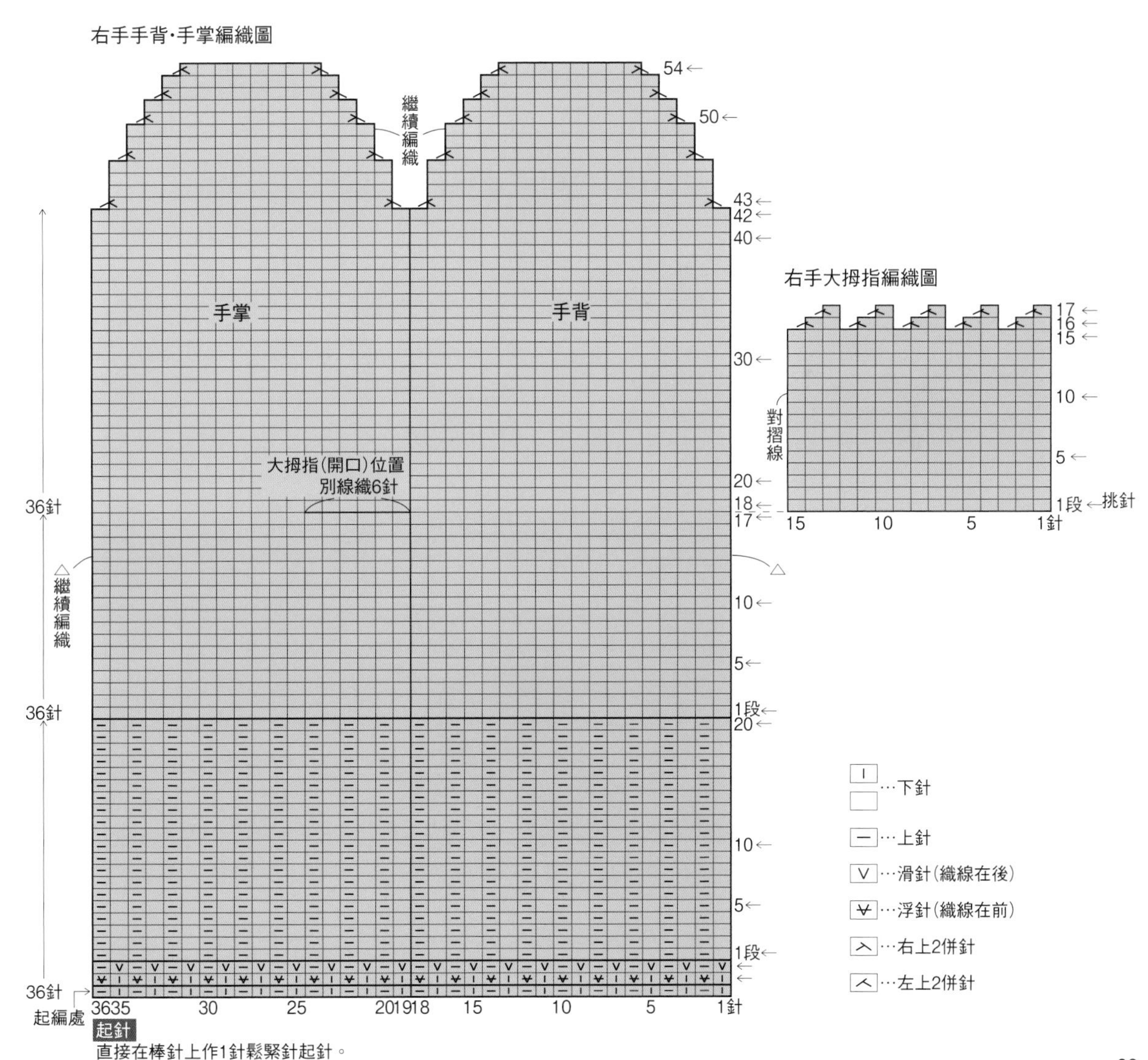

在大拇指的位置以別線編織

1　以1針鬆緊針起針進行環編，以平針編織到大拇指指根。從小指側的起針記號處織18針。

2　下一針開始以別線編織。

3　以別線編織6針。

4　將別線編織的6針移至左棒針上。

5　以原本的手套編織線進行編織。

6　繼續以環編進行編織。

指尖的減針

7　織到第42段後，開始作指尖的弧度。

8　為了讓第43段的第1針成為下針，因此從前方入針，先織滑針。

9　接著織下針。

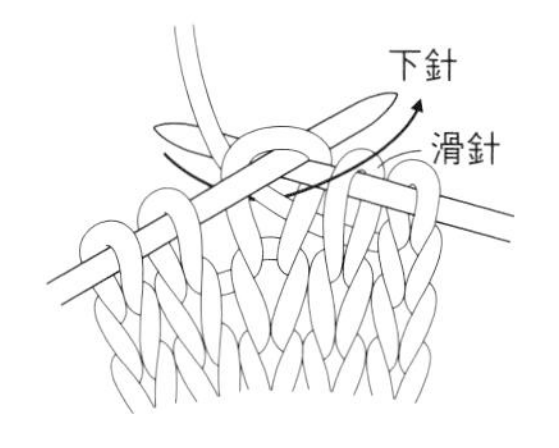

9 的編織圖

10　左棒針挑起滑針，套住下針。

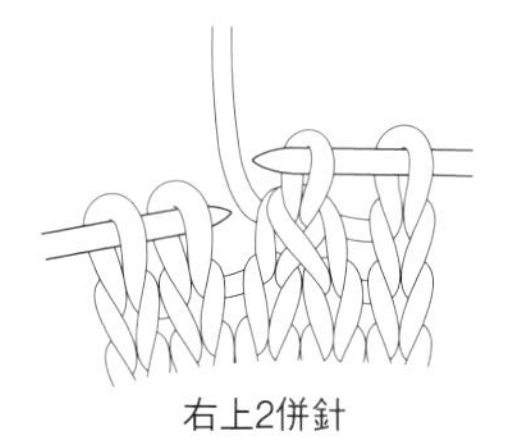

10 的編織圖

11 編織14針，到記號對面的前2針。

12 接下來織2針左上2併針。

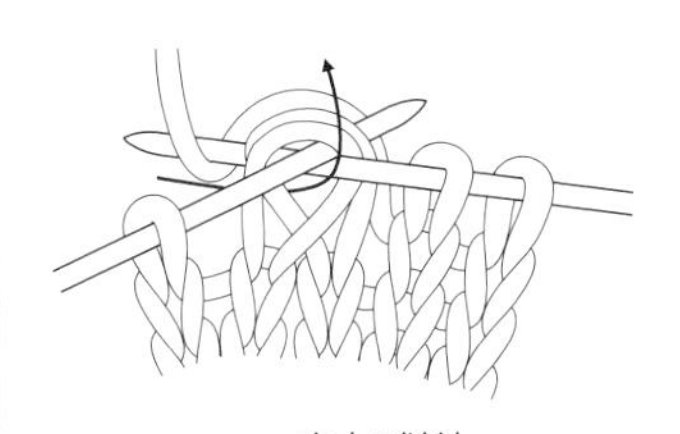

12 的編織圖　左上2併針。之後依編織圖進行，減至16針為止。

指尖的併縫

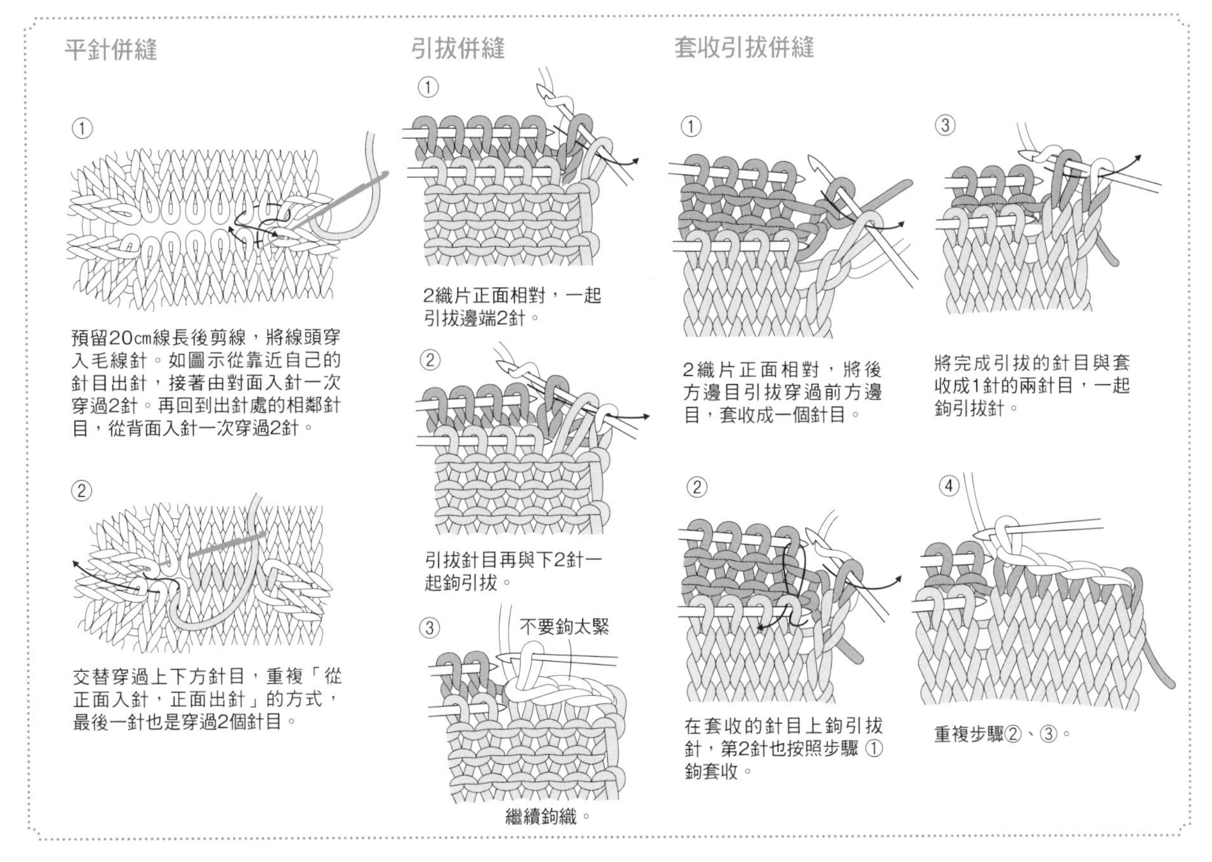

平針併縫
①
預留20㎝線長後剪線，將線頭穿入毛線針。如圖示從靠近自己的針目出針，接著由對面入針一次穿過2針。再回到出針處的相鄰針目，從背面入針一次穿過2針。
②
交替穿過上下方針目，重複「從正面入針，正面出針」的方式，最後一針也是穿過2個針目。
引拔併縫
①
2織片正面相對，一起引拔邊端2針。
②
引拔針目再與下2針一起鉤引拔。
③
不要鉤太緊
繼續鉤織。
套收引拔併縫
①
2織片正面相對，將後方邊目引拔穿過前方邊目，套收成一個針目。
②
在套收的針目上鉤引拔針，第2針也按照步驟①鉤套收。
③
將完成引拔的針目與套收成1針的兩針目，一起鉤引拔針。
④
重複步驟②、③。

大拇指的挑針

13 進行大拇指的挑針。在織入別線的下方針目入針。

14 挑6針。

15 同樣在別線上方的針目挑針。

16 上方左邊再挑下一針的半針。

17 以棒針前端解開別線編織針目。

18 在下方挑6針，上方挑7針。

大拇指的挑針與織法
其①

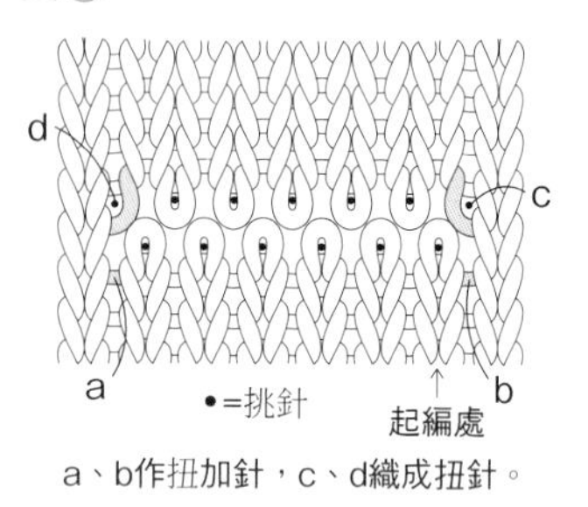

a、b作扭加針，c、d織成扭針。

19 將針目以5針、4針、4針的針數，分在3根棒針上。

20 接線預留15cm後開始編織，從掛5針的棒針起編，織6針。以左棒針挑起與下一針之間的渡線a。

21 右棒針從左側入針，織下針的扭針。

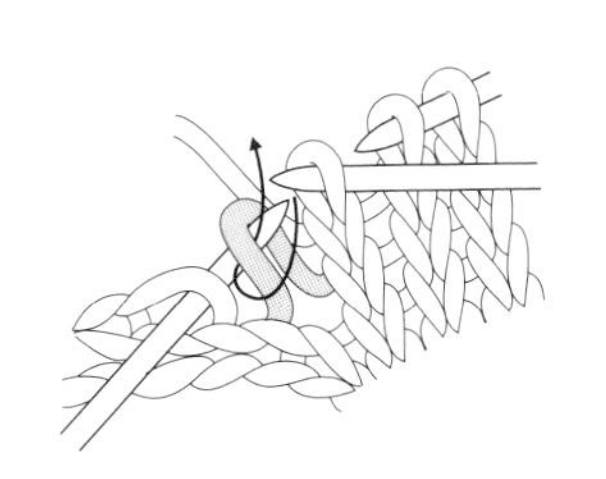

21的編織圖　織6針後挑起渡線a，依箭頭標示入針，編織下針。

21'

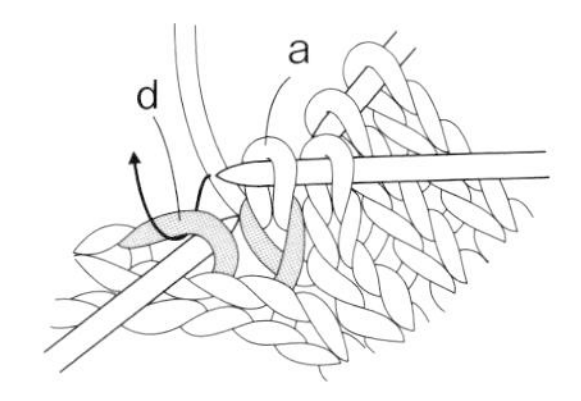

21'的編織圖　d也是依照箭頭方向入針，織扭針。

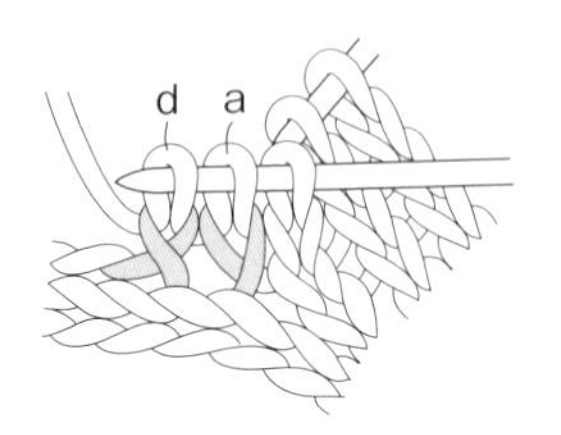

完成2針扭針。另一側的b和c也是以相同要領織成扭針。

22 另一側上方與下方針目之間的轉折處，同樣要以**20**及**21**的作法，將c與渡線b織成扭針，總計加成15針。

大拇指的挑針與織法
其②

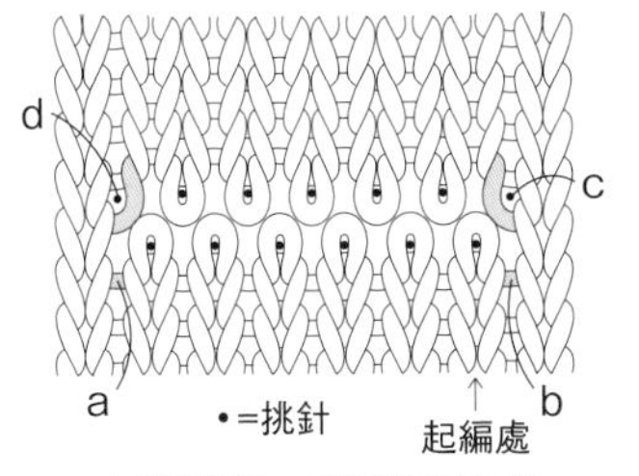

a、b織扭加針，扭針的方向不拘。
c、d直接挑起編織。

大拇指的挑針與織法
其③

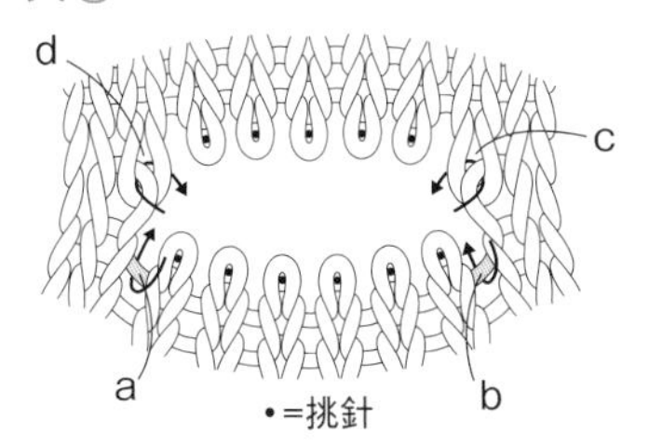

a、b織扭加針，扭針的方向不拘。
c、d與下方針目重疊編織。

大拇指指尖織法

23 以環編進行15段。

24 先織1針，接著織2針左上2併針。

25 減成10針。

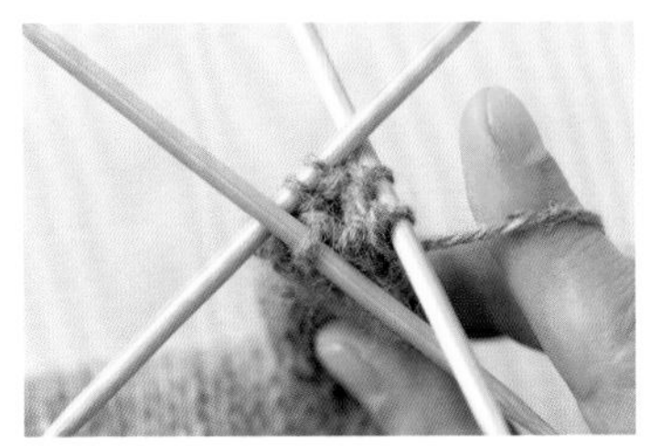

26 下一段全部織左上2併針，減成5針。

27 預留10cm線段後剪線，毛線穿針，接著穿過最終段所有針目。

27 的編織圖

28 所有針目穿線兩次後，縮口束緊，縫針從中心點穿至背面。

29 在背面打結一次。

30 橫向挑針，從線材中間穿入，將線頭藏起。

大拇指起編處的線頭，處理方式與指尖相同，打結時請小心不要讓針目出現空洞。
完成併縫的指套，收尾方式與拇指起編處一樣，在手套背面打結，穿入毛線中藏線。

完成！

B・單邊加針作襠份的大拇指　&
Ⅱ・左右非對稱兩端減針的圓弧指套

B・配合大拇指指根弧度加針編織襠份的作法。只在一側作扭加針，讓大拇指指根以更自然的方式延伸。因此相較於其他款式，是以手腕處針數較少的狀態開始編織。即使是以細線編織較合手的手套，也能完成如立體剪裁般，服貼度佳的大拇指指根。扭加針的扭轉方向不拘，無論朝哪都沒有關係，但要注意左右手必須對稱編織。這款大拇指編織方法，最初的扭加針位置，是在手背與手掌對摺線往手掌4針後開始作捲加針，但也可以依照預定

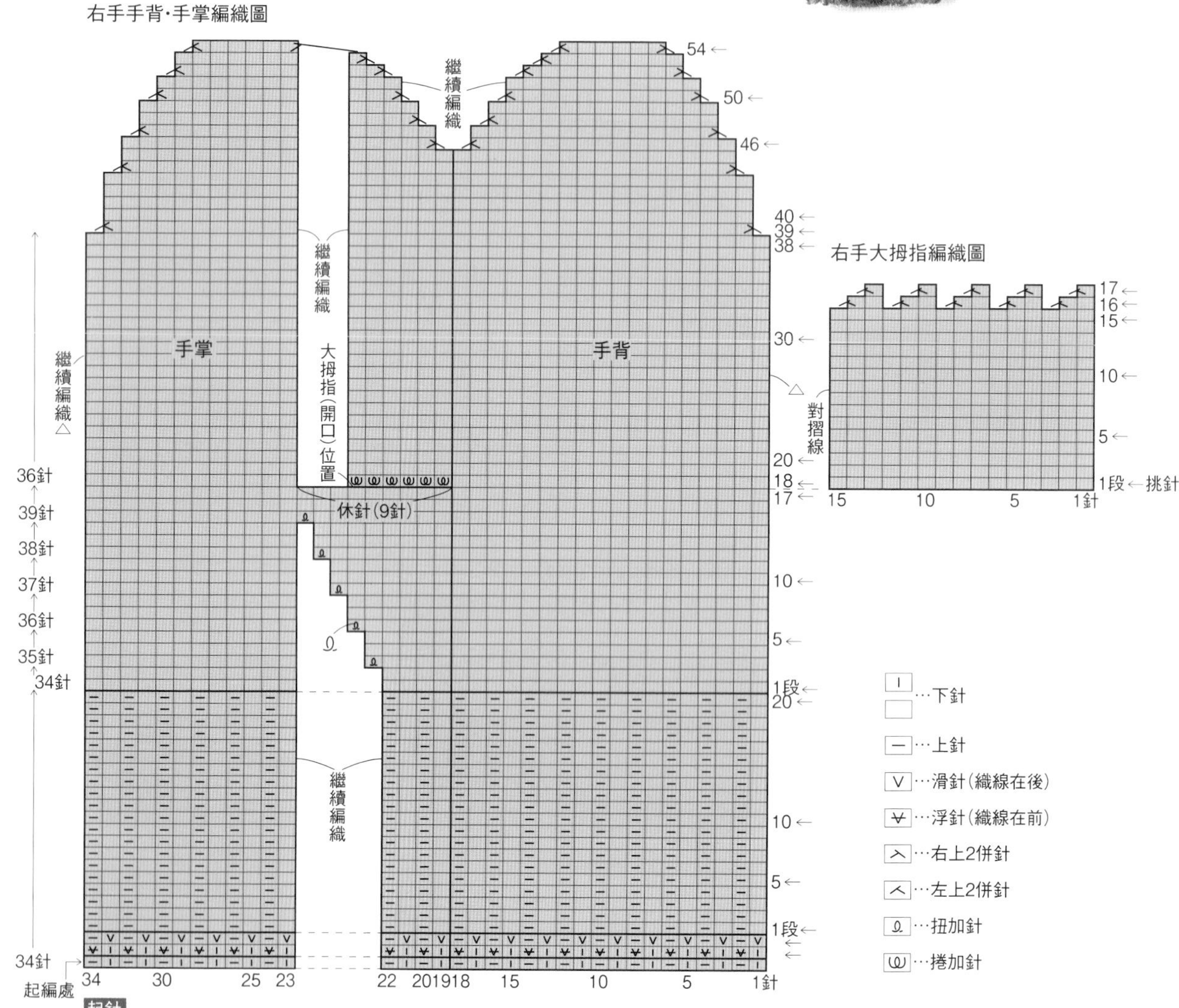

起針
直接在棒針上作1針鬆緊針起針。

款式及喜好，在貼近手背與手掌對摺線的位置開始加針編織。

大拇指開口的位置要休針，下一段的捲加針則是依照大拇指的針數來設定。雖然針目數量在一定範圍內可以由捲加針來自由設定，但最終還是要考慮到尺寸和整體的平衡感。和C在休針與捲加針之間加針的大拇指織法不同，由於是以不加針的方式來編織大拇指，休針與捲加針的總數一開始就已經設定為編織大拇指的針數。因為大拇指襠份的織法較為特別，為了讓編織時更加順利，書中也刊載了左手的編織圖以供參考。

II • 這是相對於 I，在食指與小指側進行非對稱減針，各自完成不同弧度的款式。指尖接合部分則按照基本款併指手套示意圖，取手掌寬度三分之一的針數。接合方法也與 I 相同，按喜好選擇併縫作法即可。

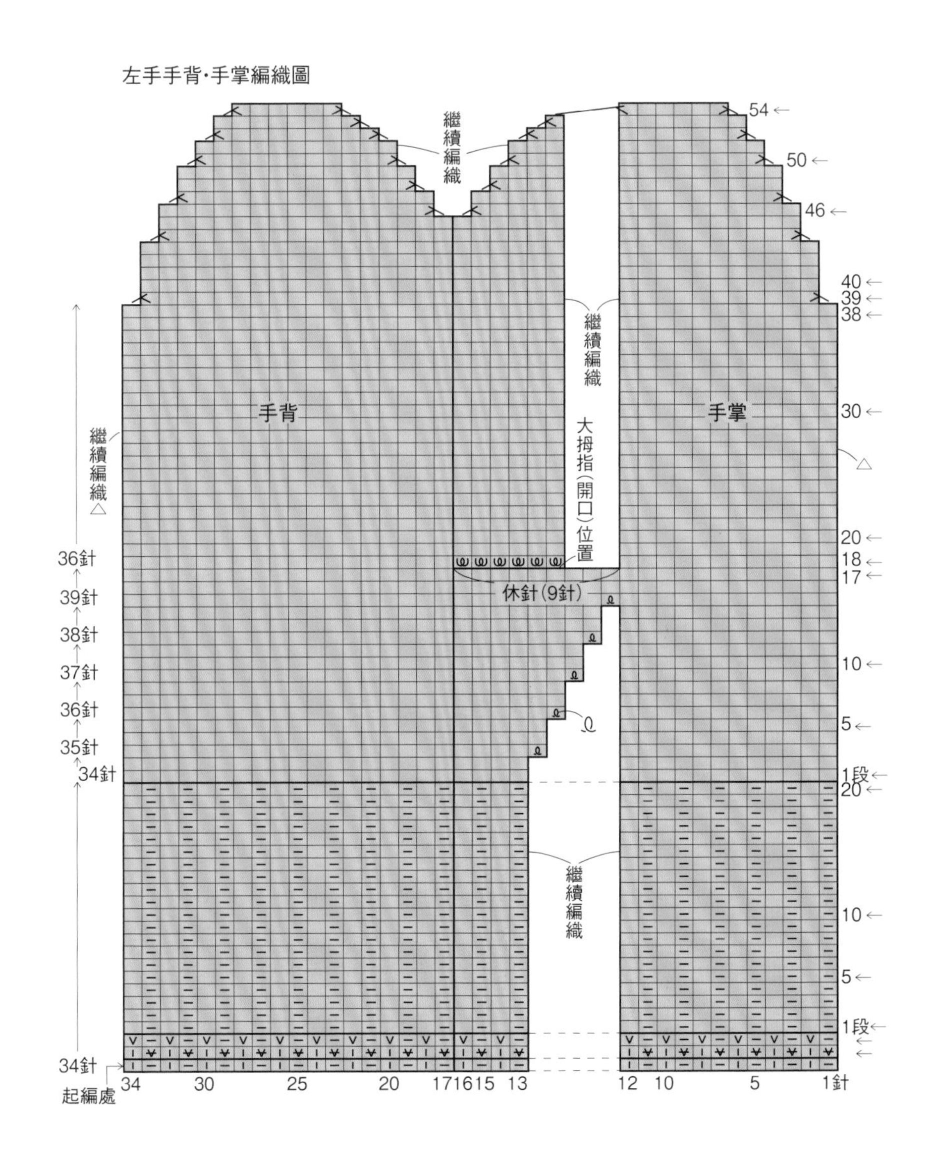

襠份的加針

1　在平針編織部分加針，第3段織22針後，左棒針由背面入針，挑起與下一針之間的渡線。

2　右棒針從左側入針，織下針的扭針。

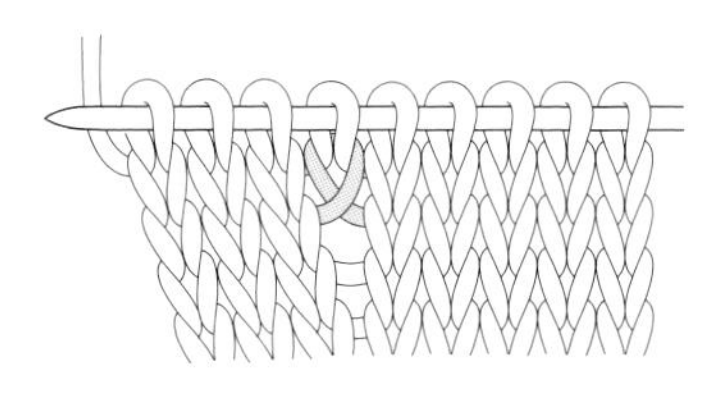

2 的編織圖　反方向的扭加針織法請參考p.50（3的編織圖）。

大拇指的休針

3　在這個位置作5次加針。如此一來，扭針旁的針目就可以漂亮豎起。

4　從小指側的起編處織18針，接著休針作為大拇指開口。縫針穿上別線後，穿過休針的9針。

4'　將穿過針目的別線打結。

大拇指的捲加針

5　在左手手指掛線，以右棒針挑線編織捲加針。

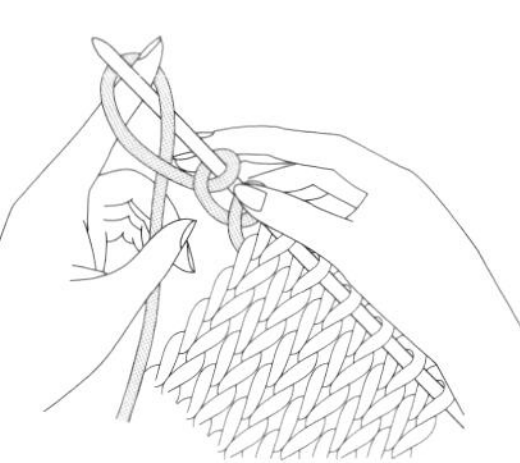

5的編織圖

6　織6針。

7　繼續挑針編織。

大拇指的挑針與織法

8　完成大拇指開口。

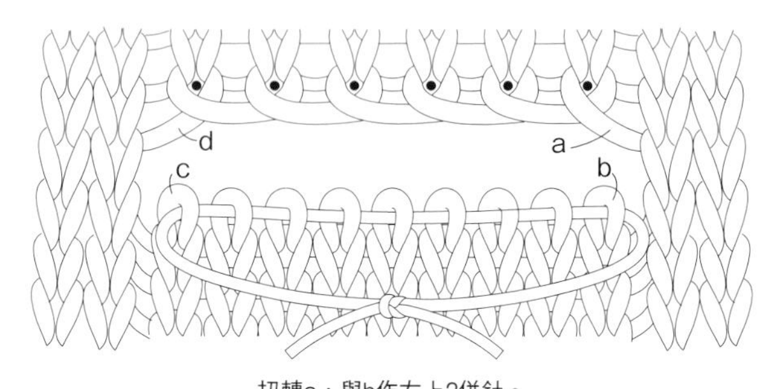

扭轉a，與b作左上2併針。
扭轉c，與d作右上2併針。

●=挑針

9　休針針目穿回棒針。編織右邊第1針前，先以右棒針從後方挑起第1針捲加針a。

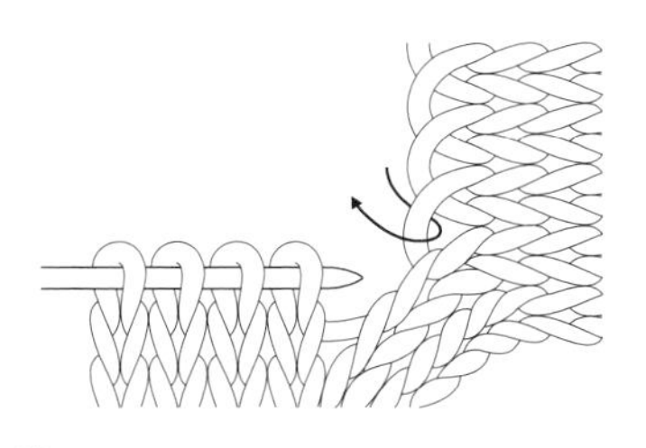

9的編織圖

10　以左棒針扭轉挑針。

10'　針目a（最右邊針目）成為扭針。

11　將右側兩針的a與b作左上2併針。

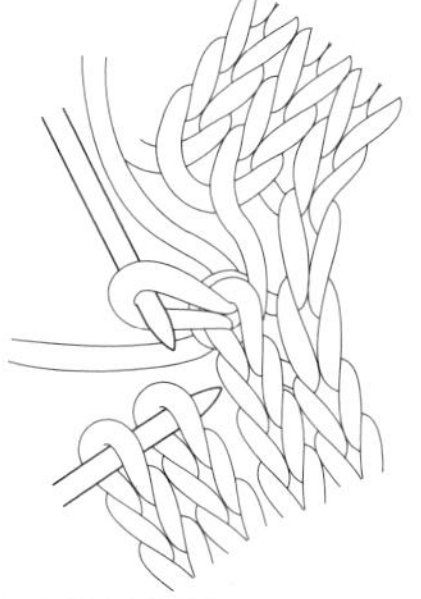

11的編織圖

12　第9針的c不織，直接移至右棒針。

13　以右棒針挑捲加針最後一針d。

14　從針目背面入針。

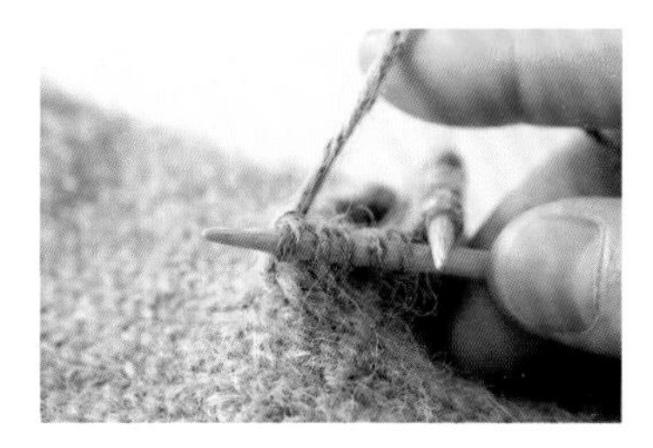

15　織下針的扭針。

16　套住第9針的c，織右上2併針（扭針在下）。

16的編織圖

17　在編織圖上標示捲針（●）的位置挑針，全部挑15針。

參照p.44至45的織法，大拇指指尖的織法至收尾參考A．p.43，指尖的減針則參考I．p.40。

C・兩側加針作襠份的大拇指　&
Ⅲ・左右對稱兩端減針的直線指套

C・相較於款式A，這是在較窄的手腕上編織的作法。因此，手腕的針目較其他款式少。以款式B來說，大拇指的襠份是兩側都加針。扭加針的扭轉方向同樣朝哪都沒有關係，依個人喜好編織即可，但襠份必須左右對稱編織。所以左右手的扭針方向都要作成一樣的。

大拇指開口的作法與款式B相同。先休針，下一段織捲加針來調整大拇指針數。不過這款的大拇指起編法，是在休針與捲加針之間加一針的作法。休針與捲加針的總數設定為，比預定的大拇指起編數少2針。大拇指開口的位置可以藉由捲加針針數來調整，雖然針目數量在一定範圍內可以自由設定，但最終還是要考慮到尺寸和整體的平衡感。

這款有著北歐風格特性的大拇指襠分，就算是織入花樣的手套類型，還是擁有能單獨設計大拇指花樣的空間，可以織出漂亮的圖案正是其特徵。大拇指的手掌側要織成與花樣連接在一起，從捲加針挑針時要注意連半目都不能偏掉。如果以Ⅳ作法織成平均減針的指套，就可以完成不分左右手的手套，但如果有織入花樣時就要特別注意。

Ⅲ・這是在北歐設計中常見的直線減針指尖款式。參照編織圖就很清楚，因為是平針編織，再加上密度的關係，大約每2段就要作一次減針。不過，若是編織一般北歐風常見的整面花樣，其密度的針目和段數幾乎都是1：1，因此每段都減針就可以大致完成這樣的角度。或許就是因為容易編織又合理，才會成為傳統編織的既定形狀流傳下來吧！至於指尖要持續編織到幾乎沒有針目後，再以縮口收針束緊。

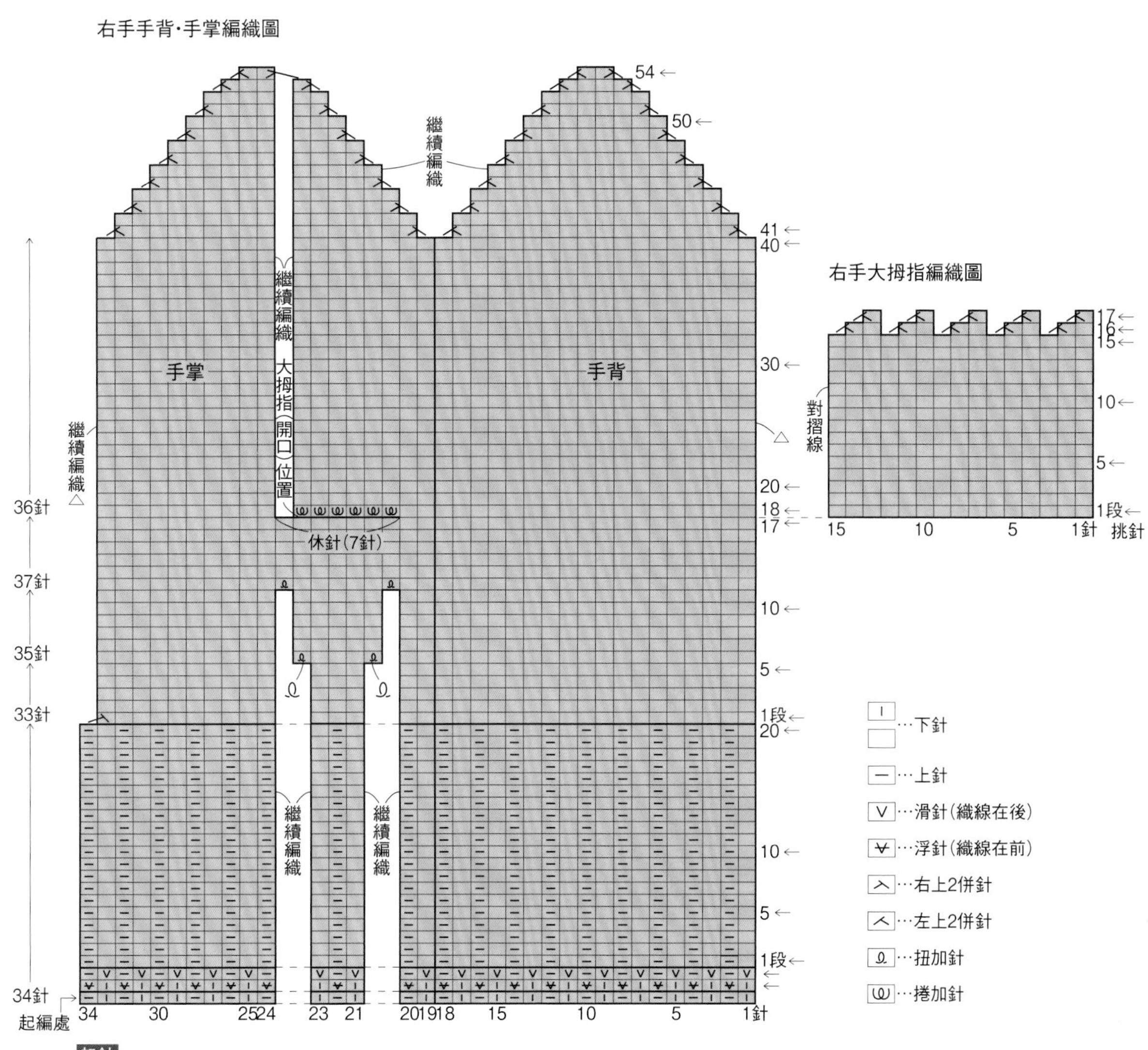

起針

直接在棒針上作1針鬆緊針起針。

襠份的加針

1　襠份左側的扭加針，是在右側的扭加針後織3針，再以左棒針將針目間的渡線由前往後套上。

2　右棒針由後入針。

3　織下針。

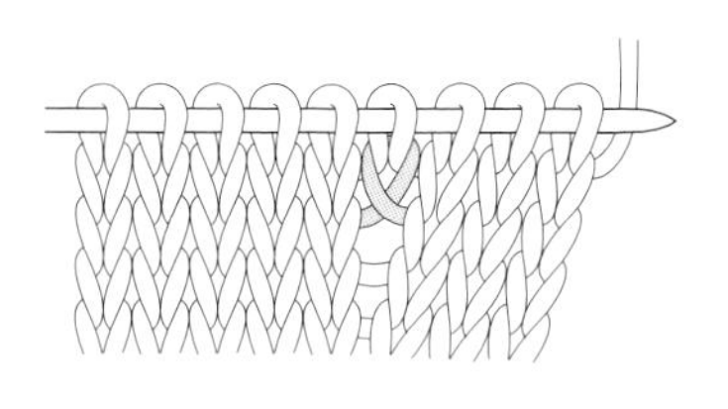

3的編織圖　襠份右側的扭加針請參照p.46（2的編織圖）。

4　完成加針。

5　大拇指的休針與捲加針請參照B・p.46的作法。

大拇指的挑針與織法

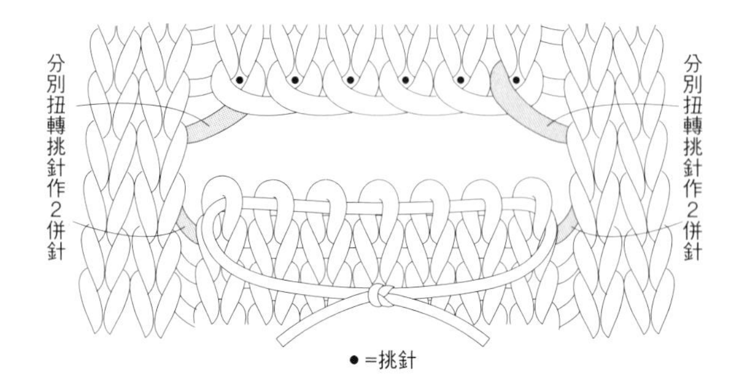

6　將休針針目移至棒針上開始編織，休針與捲加針旁的渡線依圖示扭轉挑針織2併針。各自的扭轉方向為右上與左上2併針，無論扭轉方向為何，編織時都要注意不要織出空洞。

參照p.49編織圖，至於大拇指指尖的織法至收尾請參照A・p.43，指尖的減針請參照I・p.40編織。

D・從側邊延伸襠份的大拇指　&
Ⅳ・平均減針的圓弧指套

D・織法與併指手套C相同，但不是像A、B、C在手掌編織大拇指襠份，而是從手掌與手背的對摺線織出大拇指襠份。由於從側邊延伸的大拇指形式左右手都可以使用，因此只要編織兩個相同的手套就可以了。

扭加針的扭轉方向同樣朝哪都沒有關係，依個人喜好編織即可，但襠份必須左右對稱編織。所以左右手的扭針方向都要作成一樣的。依照在段上編織扭加針的頻率，可以調整大拇指指根的角度與高度。大拇指開口的位置可以藉由捲加針針數來調整，雖然針目數量在一定範圍內可以自由設定，但最終還是要考慮到尺寸和整體的平衡感。

由於大拇指本來就在手掌側邊，因此以單色編織這款從側邊延伸襠份的大拇指時，不會出現太大的問題。但如果是為了能夠清楚分辨手掌與手背，因而織入圖案或花樣的設計時就要注意，大拇指側的花紋可能會因為接合處的影響，出現不容易將手背花樣收尾的狀況。如果不需要左右共用時，可以使用以下作法；只要像C一樣，在手掌側稍微將大拇指襠份錯開即可。

襠份的加針要織到大約與大拇指起編針數相同為止。編織手掌圍時，為了不要讓大拇指指根太緊繃，再考慮到食指側的厚度，可以作幾針捲加針。帶有懷舊風是這個款式的特色，因此比起細線，更適合以粗線編織。

Ⅳ・宛如編織帽頂般作出圓弧形的款式。由於指套沒有食指側與小指側的分別，非常適合左右都適用的情況。此外，正如D的說明，在意手背花樣因為接合大拇指而偏向拇指側時，比起在食指和小指兩端作出明顯的減針，更適合選擇這個作法。無論是減針的方向、減針頻率織出的指尖弧度，或平均減針的次數（這裡為3次）等，都可以依喜好來調整。減針針目的方向要作成左右相同，或左右對稱都可以。

大拇指的挑針與織法

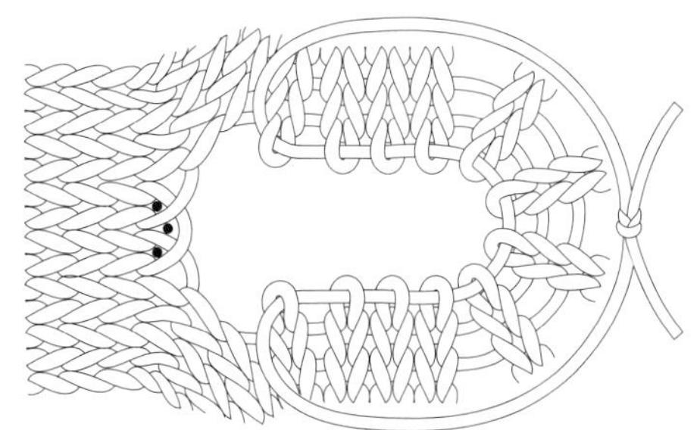

●＝挑針

1　休12針，再織2針捲加針。

2　從加針位置挑3針，總共挑15針。

右手手背·手掌編織圖

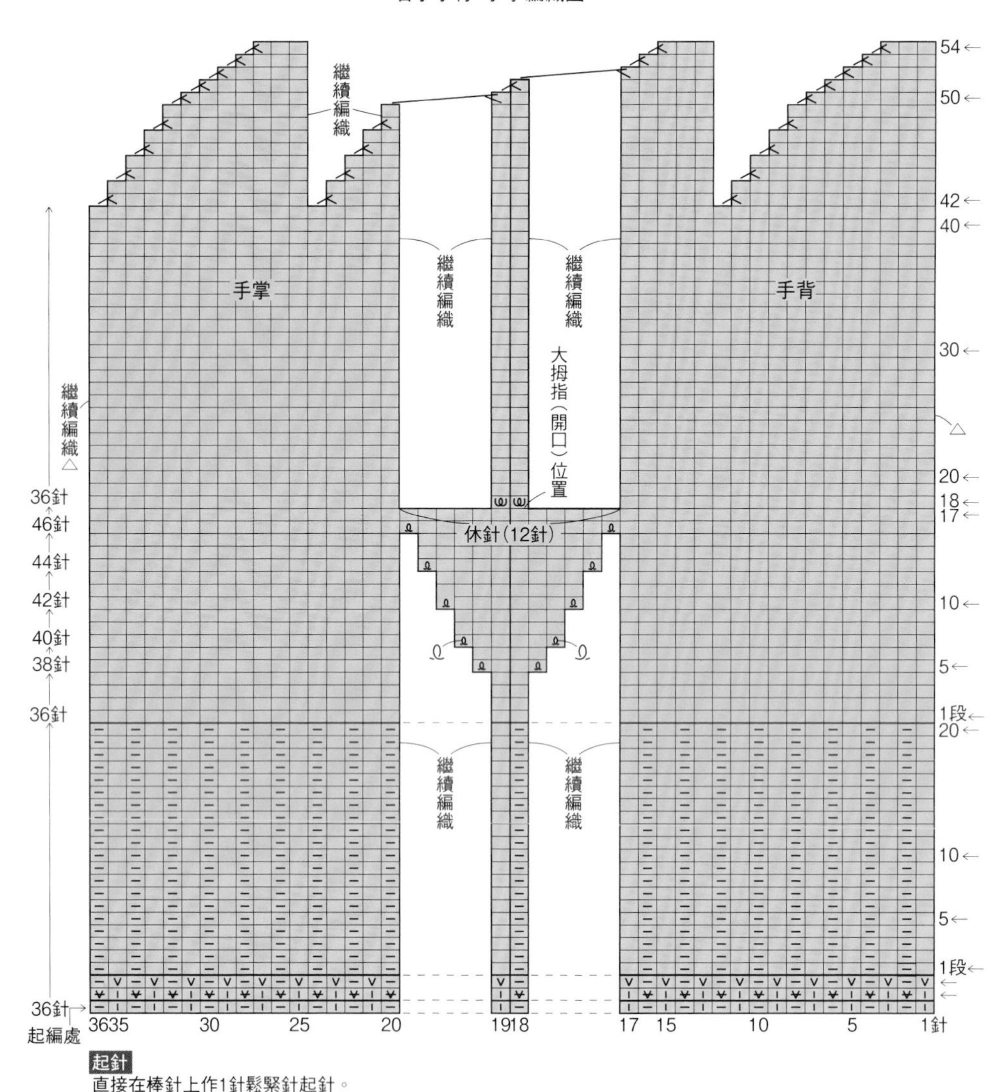

起針
直接在棒針上作1針鬆緊針起針。

右手大拇指編織圖

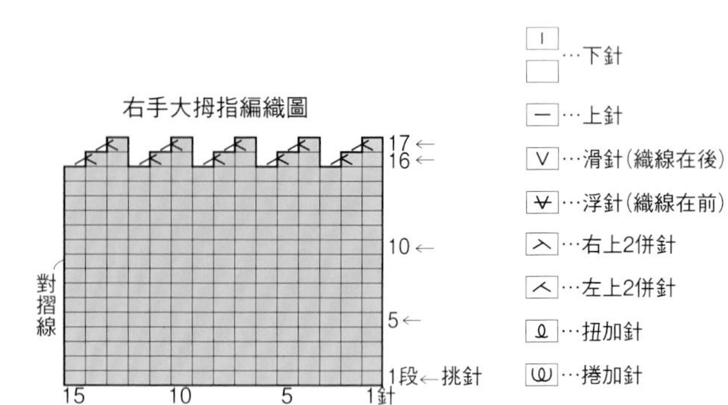

| …下針
 …上針
V …滑針(織線在後)
…浮針(織線在前)
…右上2併針
…左上2併針
…扭加針
…捲加針

襠份的加針請參考B・p.46、C・p.50、大拇指的休針與捲加針請參考B・p.46編織。
大拇指的挑針與織法則參考前一頁的編織圖。
休針針目移回棒針開始編織時，請依圖示從捲加針的●位置挑針，捲加針2針之間也挑一針。
大拇指指尖的織法至收尾請參照A・p.43。
指套減針後，最終段9針的收針方式與大拇指指尖一樣，作縮口束緊（p.43）。

五指手套

使用併指手套的手掌圍來編織五指手套是可以的，雖然需要較精細的計算，但只要遵守幾個原則，編織起來也不是那麼困難。由於必須配合個人手形來編織，因此在基礎技巧之外，還有許多要調整的部分，請一邊編織一邊確認。

●手指長度表〈參考尺寸表〉

由於每個人的手指長度都不同，這裡標示的長度是大略的參考尺寸。編織自己或親朋好友的手套時，請一邊確認預定尺寸一邊編織。

手指長度表〈參考尺寸表〉

名稱／年齡	大拇指	食指 無名指	中指	小指
5～6歲	4	5.5	5.7	4
8～9歲	4.5	6	6.8	4.5
13～14歲	5.5	6.5	7	5.5
女子	6	7	8	6
男子	6.5	7.5	8.5	6.5

＊手掌圍、手掌長和大拇指圍
請參照併指手套尺寸表(p.38)。

●指圍的計算法

（根據p.38併指手套的「完成尺寸與原型」，以手掌寬度9cm來計算4根手指的方法。）
設定手掌寬9cm分成10等分（＝0.9cm），各指間厚度（襠份）為0.7cm時。

小指圍＝（0.9cm×2）×2＋0.7cm＝4.3cm
無名指圍＝（0.9cm×2.5）×2+0.7cm＋0.7cm
＝5.9cm
中指圍＝（0.9cm×2.5）×2＋0.7cm＋0.7cm
＝5.9cm
食指圍（0.9cm×3）×2＋0.7cm＝6.1cm

上述括號內的數字（2、2.5、3）是各手指分別佔10等分多少的比例，亦即2+2.5＋2.5＋3＝10×2則表示在一側10等分的比例下，手掌加手背等於2倍。
＋0.7cm會有一次或兩次的差異，是依照相鄰手指的襠份為單邊或兩邊而有不同。
此外，各指長度為小指6cm，無名指7cm，中指8cm，以及食指7cm。
（由於只是大略的參考尺寸，為了能夠織出適合個人的尺寸，請一邊確認一邊編織。）

五指手套的尺寸與計算方式 單位cm

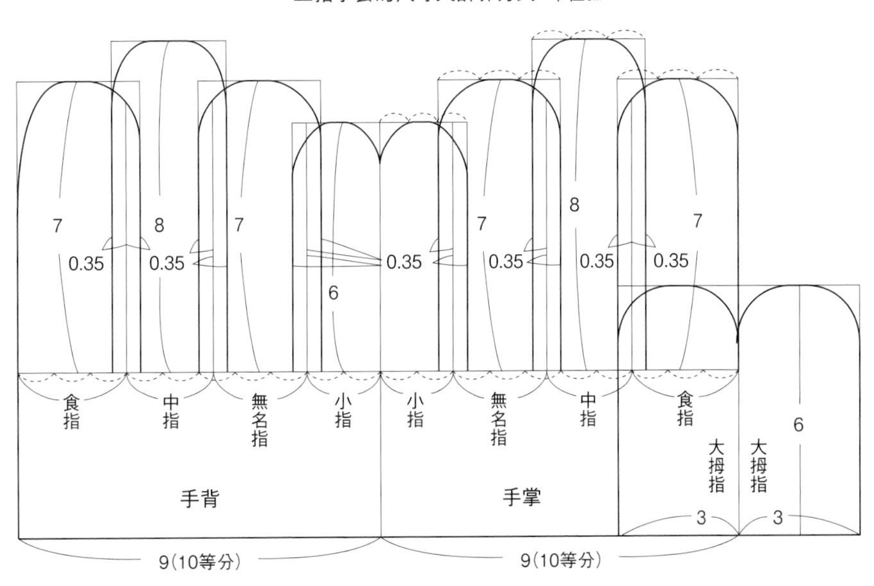

B・單邊加針作襠份的大拇指　&
V・小指位置未往下降的四指指套

B・織法與併指手套B相同。這裡雖然使用與併指手套B相同的襠份織法，但替換成自己喜歡的襠份織法也無妨。基本上，手掌圍終段大概是手腕起編10cm左右（距離大拇指開口位置約4cm），請依照個人需要的高度（段數）來編織。

V・這是在相同高度（段數）編織4根手指的款式。若是使用粗線編織，就算編織VI小指位置往下降的四指指套也不會感到明顯差異，所以不妨選擇這個織法。此外，針織品原本就具有伸縮性，因此這個款式並不會比VI差，請依照個人喜好來選擇吧！

小指織法

1　織到手指的起編段。襠份的加針、大拇指的休針與捲加針請參考B・p.46編織。

2　從小指的起編位置取手背4針、手掌5針後，其他針目皆作休針。

3　織手背4針後作1針捲加針。

4　繼續織完手掌的5針後，將10針分成3根棒針。

5　繼續以環編進行編織。

6　指尖收針請參照A・p.43。

無名指的挑針

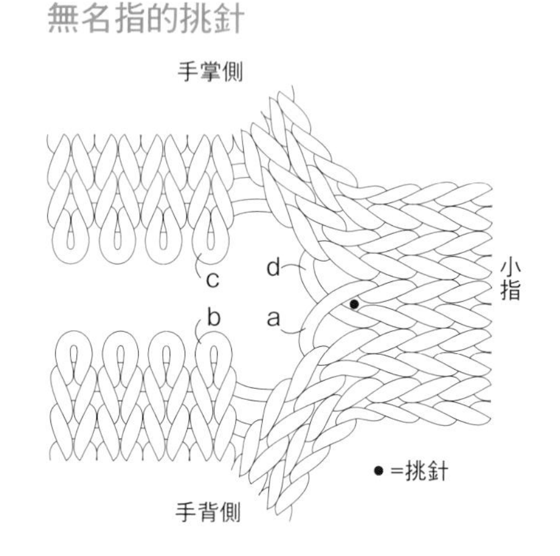

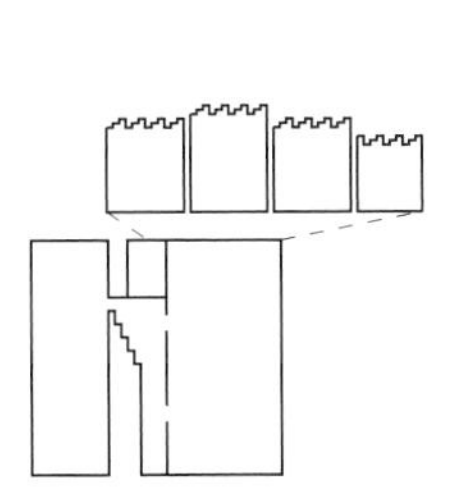

- Ｉ…下針
- ─…上針
- V…滑針（織線在後）
- ¥…浮針（織線在前）
- 入…左上2併針
- ℓ…扭加針
- ⓤ…捲加針

大拇指
17段 6
挑15針

- △…以捲加針加1針
- ▲…從捲加針挑1針
- ○…以捲加針加2針
- ●…從捲加針挑2針

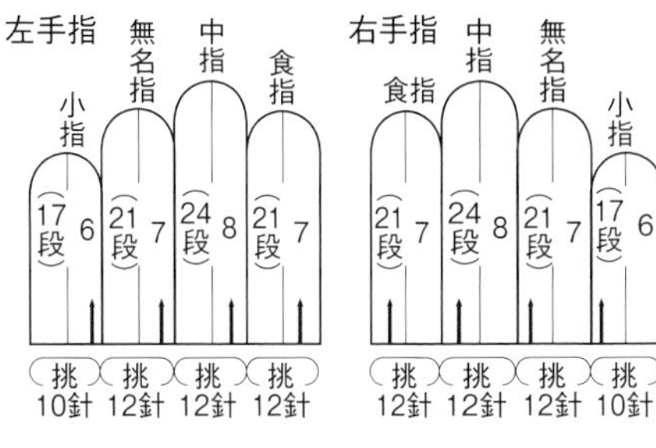

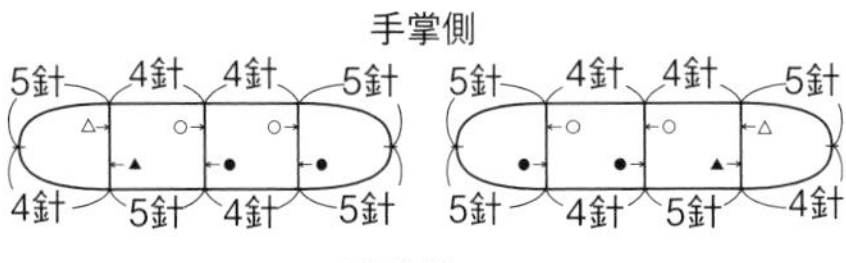

右手手背·手掌編織圖

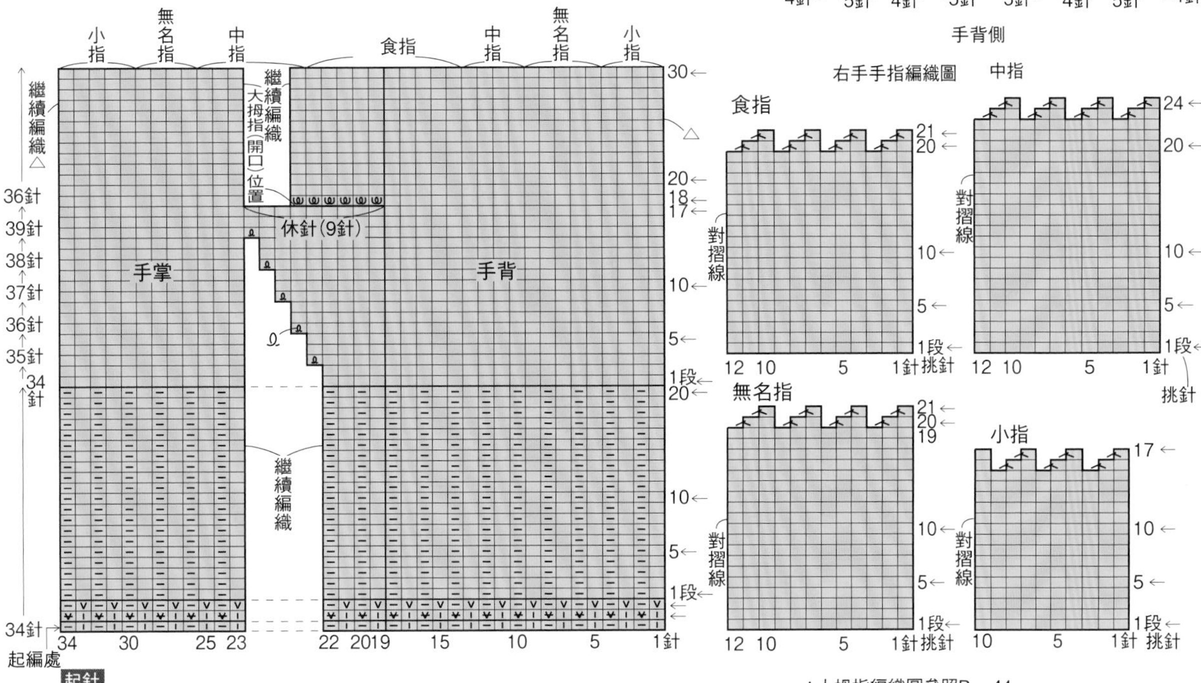

起針
直接在棒針上作1針鬆緊針起針。

*大拇指編織圖參照B.p.44

7 無名指從休針針目取手背5針、手掌4針穿入棒針，其他針目繼續休針。

8 接線織手背5針後，在中指側作2針捲加針。繼續織手掌的4針，但最後一針（p.54無名指的挑針c），要在d入針織扭針（p.50的作法）然後套住c的針目織右上2併針。接著，從小指側的捲加針（●的位置）挑針，再以左棒針由後入針將a織扭針，與b作左上2併針。最後同小指一樣織到指尖。

9 根據編織圖在手指間作捲加針，以相同要領繼續編織中指和無名指。

B・單邊加針作襠份的大拇指 & Ⅵ・小指位置往下降的四指指套

B・織法與併指手套B相同。這裡雖然使用與併指手套B相同的襠份織法，但替換成自己喜歡的襠份織法也無妨。基本上，手掌圍終段大概是手腕起編9cm左右（距離大拇指開口位置約3cm），請依照個人需要的高度（段數）來編織。

Ⅵ・以V的小指織法（p.54）完成編織後，在手掌、手背的未織針目加上織小指時作的捲加針上挑針，進行環編（示範為織4段）。

如此一來，就可以織出完美貼合的四指指套。以細線編織時更可以看出差異，無論是戴上的感覺還是外觀完成度都很高。相對於織到指尖的B & V手套款，這邊稍微作了點變化，除了將小指位置往下降，還作了露指加指套的設計。若是織到指尖的款式，作法就與B & V相同。

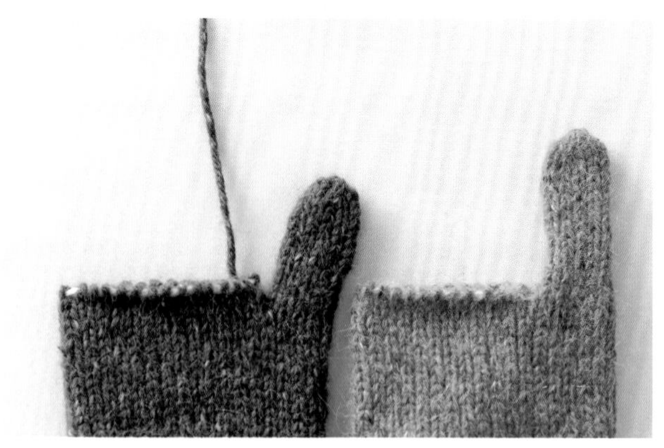

小指織法與p.54相同，接著在編織其他手指前，再織4段。

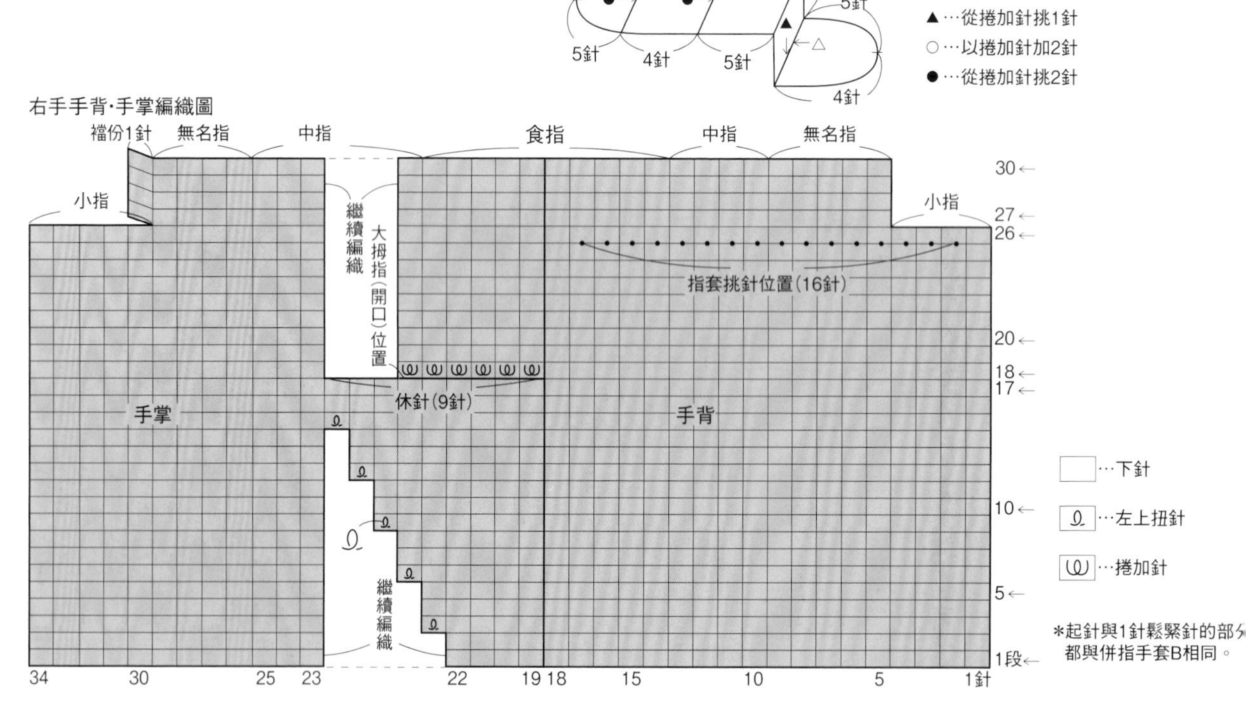

1

p.4《基本款併指手套・織入別線》
【材料】ROWAN　Felted Tweed Aran
黃綠色（726）70g
【工具】5號・6號棒針
【密度】20針30段＝10㎝四方形
【完成尺寸】手掌圍18㎝　長24.5㎝

●直接在5號棒針上作1針鬆緊針起針，起36針，翻回正面即為第1段袋編。袋編第2段開始以環編進行，以1針鬆緊針編織20段（起針方式參考p.100）。
●換6號棒針編織手背和手掌。第18段在大拇指開口的位置織入別線（參照p.40）。
●第43段開始作指套的減針。手背與手掌最終段的針目以平針併縫。
●大拇指的織法是解開別線後，分別在上下方挑針，同時將下方兩側的渡線織成扭針，以15針編織拇指。上方針目要織扭針，結束段作縮口收針束緊（參照p.43）。
●編織對稱的左手。

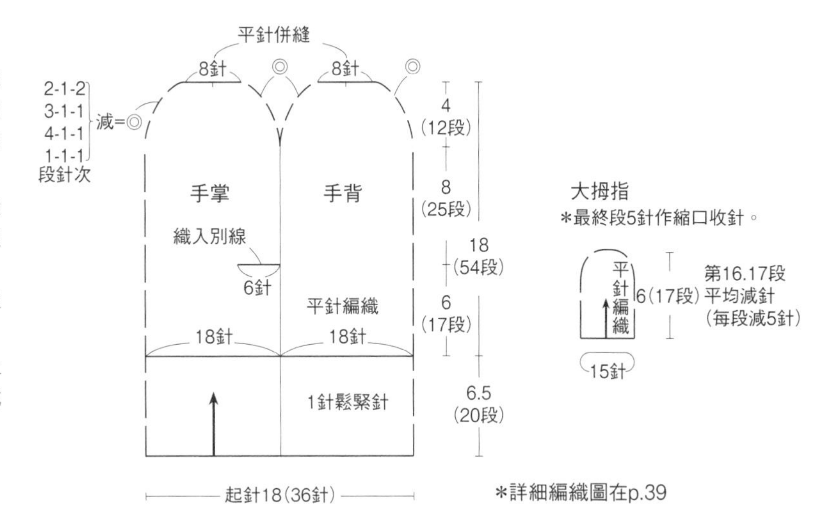

2

p.5《基本款併指手套・單邊加針》
【材料】ROWAN　Felted Tweed Aran
淺褐色（721）70g
【工具】5號・6號棒針
【密度】20針30段＝10㎝四方形
【完成尺寸】手掌圍18㎝　長24.5㎝

●直接在5號棒針上作1針鬆緊針起針，起34針，翻回正面即為第1段袋編。袋編第2段開始以環編進行，以1針鬆緊針編織20段（起針方式參考p.100）。
●換6號棒針編織手背和手掌，一邊在手掌加針一邊編織。第18段在大拇指開口的位置休9針，再織6針捲加針（參照p.46）。
●第39段開始作指套的減針（左右非對稱的圓弧）。手背與手掌最終段的針目以平針併縫。
●大拇指的織法，是在休針的9針以及捲加針的6針挑針，同時將休針兩側與捲加針間的渡線織成扭針2併針（休針在上，參照p.47），以15針編織拇指。結束段作縮口收針束緊（參照p.43）。
●編織對稱的左手。

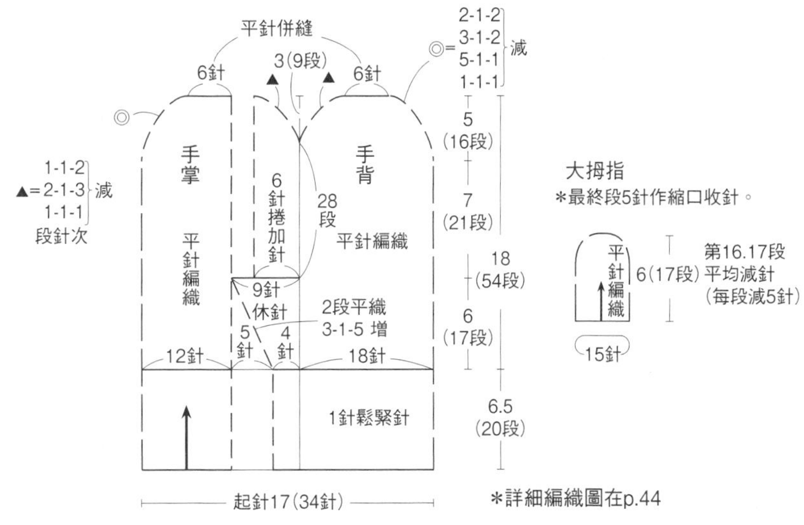

3

p.6《基本款併指手套・兩側加針》
【材料】ROWAN Felted Tweed Aran
淺紫色(724)70g
【工具】5號・6號棒針
【密度】20針30段=10㎝四方形
【完成尺寸】手掌圍18㎝ 長24.5㎝

●直接在5號棒針上作1針鬆緊針起針，起34針，翻回正面即為第1段袋編。袋編第2段開始以環編進行，以1針鬆緊針編織20段（起針方式參考p.100）。
●換6號棒針編織手背和手掌，一邊在手掌兩處加針一邊編織。第18段在大拇指開口的位置休7針，再織6針捲加針（參照p.50）。
●第41段開始作指套的減針。手背與手掌最終段的針目作縮口收針束緊。
●大拇指的織法，是在休針的7針以及捲加針的6針挑針，同時將休針兩側與捲加針間的渡線織成扭針2併針，以15針編織拇指。結束段作縮口收針束緊（參照p.43）。
●編織對稱的左手。

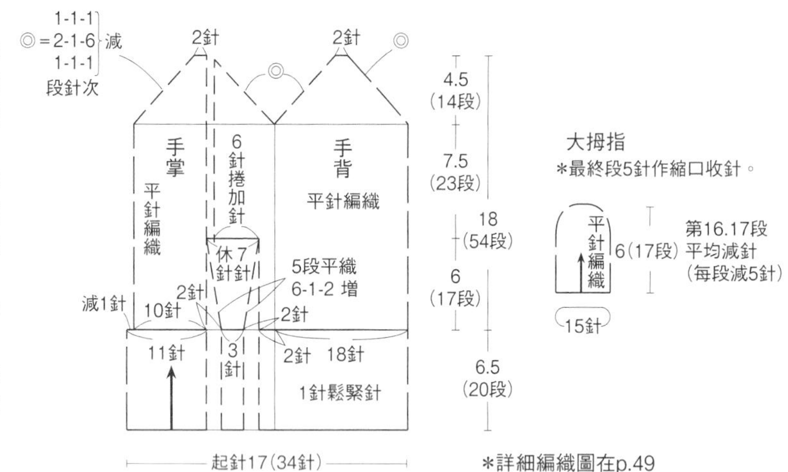

4

p.7《基本款併指手套・從側邊延伸檔份》
【材料】ROWAN Felted Tweed Aran
紅色(723)70g
【工具】5號・6號棒針
【密度】20針30段=10㎝四方形
【完成尺寸】手掌圍18㎝ 長24.5㎝

●直接在5號棒針上作1針鬆緊針起針，起36針，翻回正面即為第1段袋編。袋編第2段開始以環編進行，以1針鬆緊針編織20段（起針方式參考p.100）。
●換6號棒針編織手背和手掌，一邊在手掌兩處加針一邊編織。第18段在大拇指開口的位置休12針，再織2針捲加針（參照p.51）。
●第42段開始作指套的減針（平均減針）。手背與手掌最終段的針目作縮口收針束緊。
●大拇指的織法，是在休針的12針以及捲加針挑3針，以15針編織拇指。結束段作縮口收針束緊（參照p.43）。
●編織對稱的左手。

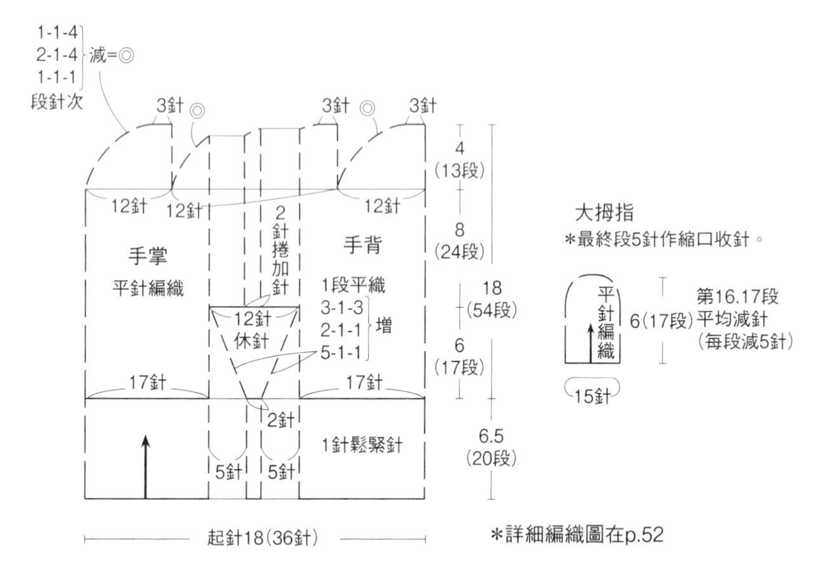

5

p.8《基本款五指手套》

【材料】ROWAN　Felted Tweed Aran 橘色（722）75g
【工具】5號・6號棒針
【密度】20針30段＝10㎝四方形
【完成尺寸】手掌圍18㎝　長24.5㎝

- 直接在5號棒針上作1針鬆緊針起針，起34針，翻回正面即為第1段袋編。袋編第2段開始以環編進行，以1針鬆緊針編織20段（起針方式參考p.100）。
- 換6號棒針編織手背和手掌，一邊在手掌加針一邊編織。第18段在大拇指開口的位置休9針，再織6針捲加針（參照p.46）。
- 織30段後，開始編織小指。從手背挑4針再作捲加針1針，手掌挑5針，共10針作平針編織。結束段作縮口收針束緊。
- 依序編織無名指，中指，食指。
- 大拇指的織法，是在休針的9針以及捲加針的6針挑針，同時將休針兩側的針目與捲加針間的渡線織成扭針2併針（休針在上，參照p.47），以15針編織拇指。結束段作縮口收針束緊（參照p.43）。
- 編織對稱的左手。

*最終段的針目作縮口收針束緊。

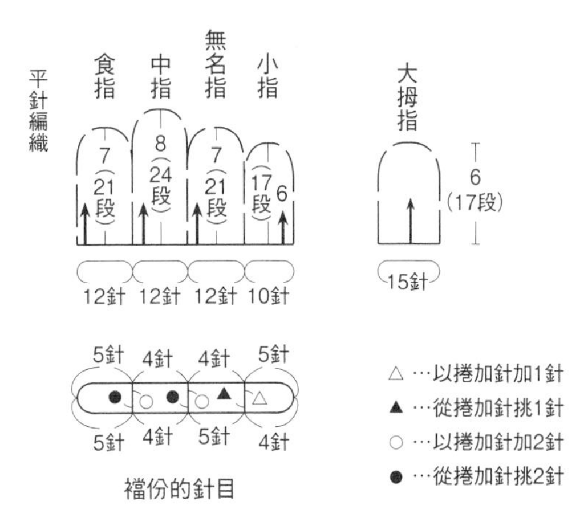

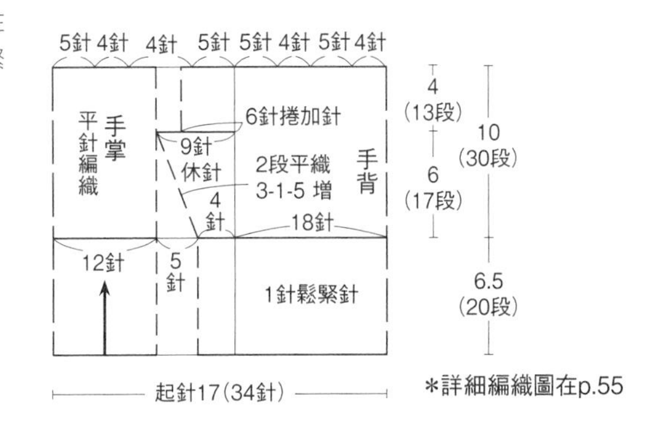

7

p.9《基本款五指手套，露指加指套》

【材料】ROWAN　Felted Tweed Aran 深紫色（731）75g
【工具】5號・6號棒針
【密度】20針30段＝10㎝四方形
【完成尺寸】手掌圍18㎝　長24.5㎝

- 直接在5號棒針上作1針鬆緊針起針，起34針，翻回正面即為第1段袋編。袋編第2段開始以環編進行，以1針鬆緊針編織20段（起針方式參考p.100）。
- 換6號棒針編織手背和手掌，一邊在手掌加針一邊編織。第18段在大拇指開口的位置休9針，再織6針捲加針（參照p.46）。
- 織26段後，開始編織小指。從手背挑4針再作捲加針1針，手掌挑5針，共10針作平針編織。結束段作上針套收。
- 在小指以外的27針，加上織小指時作的1針捲加針上挑針，以28針編織4段，接著編織無名指。
- 依序編織中指與食指。

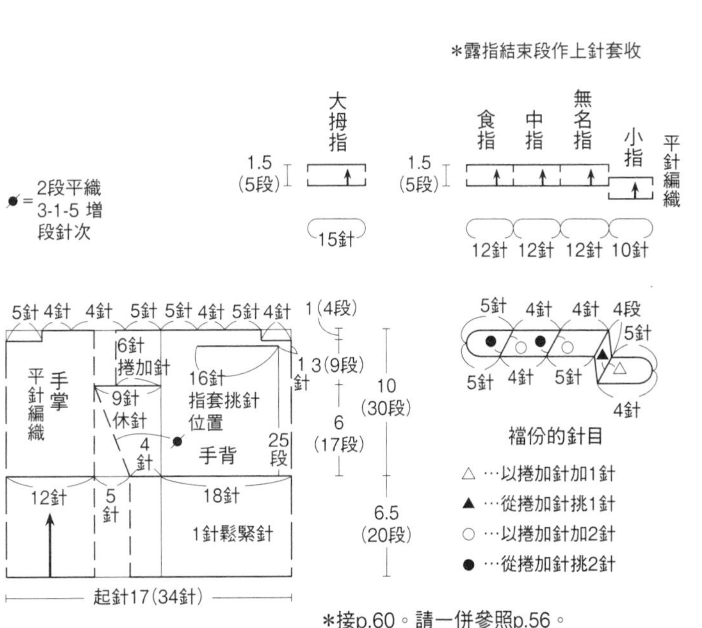

*接p.60。請一併參照p.56。

7

●大拇指的織法，是在休針的9針以及捲加針的6針挑針，同時將休針兩側與捲加針間的渡線織成扭針2併針（休針在上，參照p.47），以15針編織5段。結束織上針套收。

●編織指套。直接在棒針上作1針鬆緊針起針，起23針，以往復編完成2段袋編。接著依編織圖在手背挑針，織成環編的模樣（第1段）。接下來以23針1針鬆緊針，16針下針織4段。第5段開始織下針，第16段開始作指套的減針，最終段作縮口收針束緊。

●編織對稱的左手，左手指套的減針請參考編織圖。

右手指套
平針編織

左手指套
平針編織

＊指套最終段9針作縮口收針。

3針◎ 3針◎ 3針
1-1-5
2-1-4 減=◎
1-1-1
13針 13針 13針
4.5（14段）
5（15段）
4段 1針鬆緊針
從手背挑16針
1針鬆緊針起針 23針

3針 ◎ 3針 ◎ 3針
3針 13針 13針 10針
4段 1針鬆緊針
從手背挑16針
1針鬆緊針起針 23針

食指

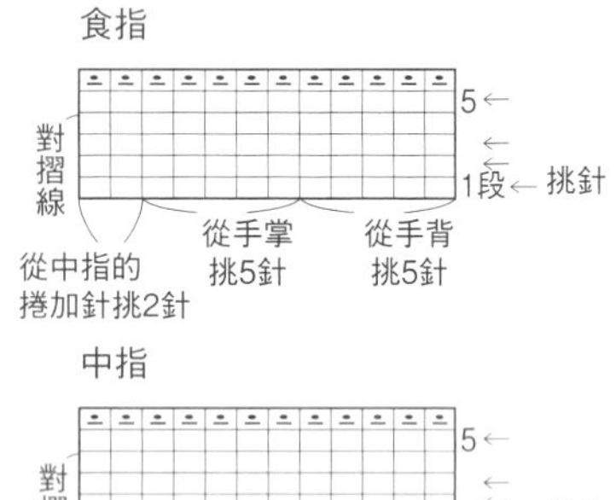

中指

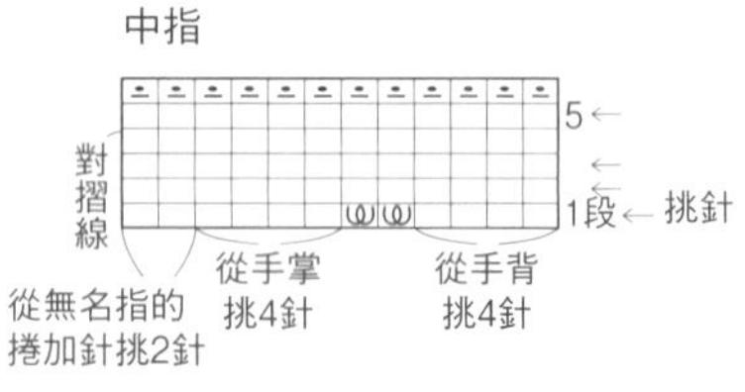

無名指

5←
1段←挑針
對摺線
小指的襠份1針
從手掌挑4針
從手背挑5針

小指

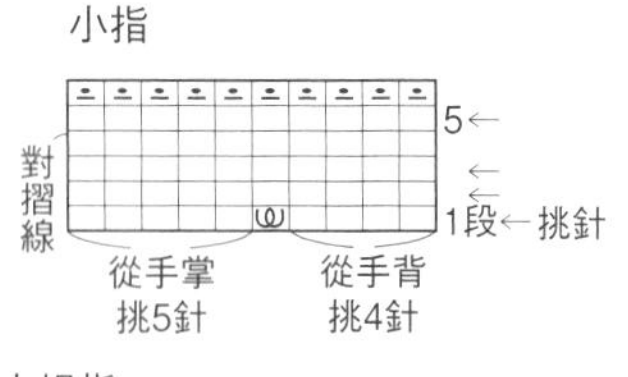

大拇指

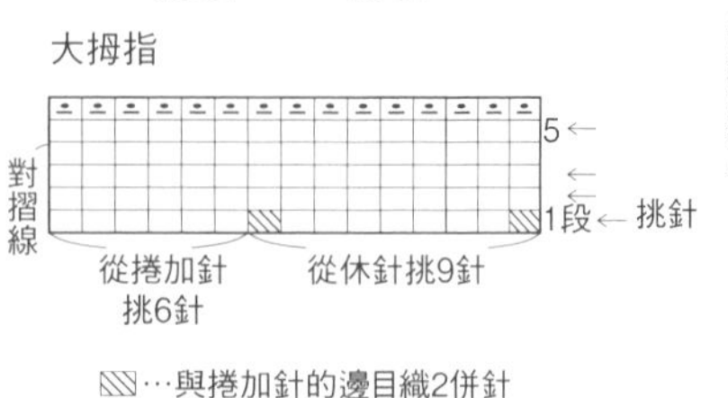

▧…與捲加針的邊目織2併針

右手指套編織圖

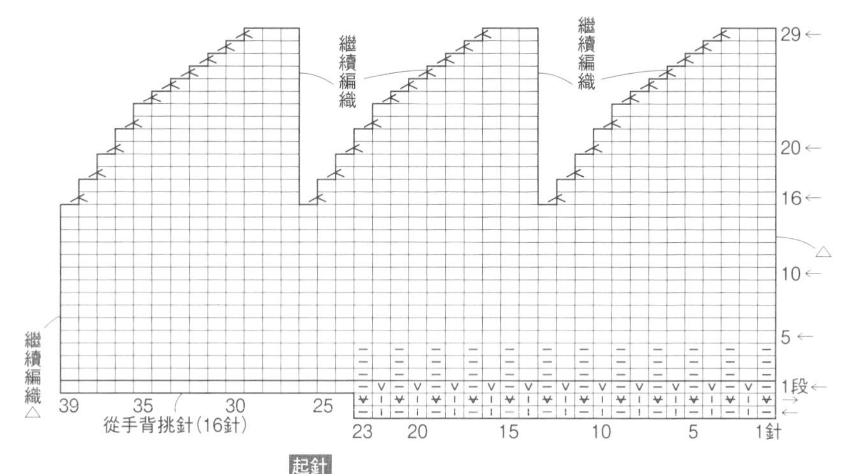

起針
直接在棒針上作1針鬆緊針起針。

⩡…上針的套收

左手指套編織圖

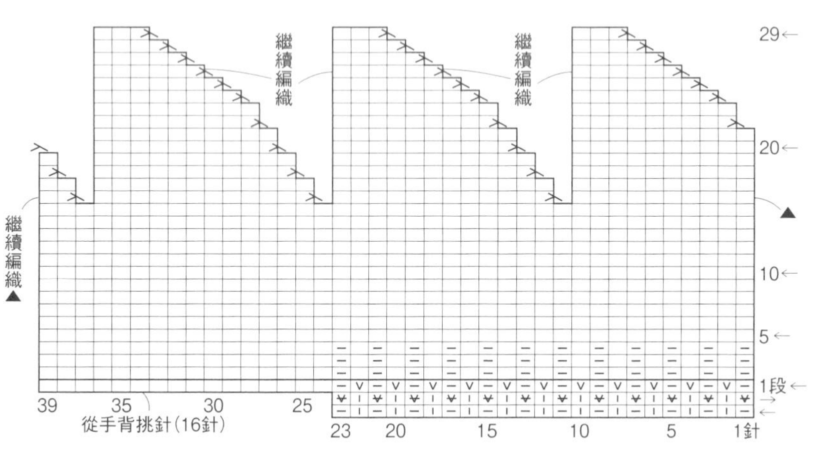

p.10《地花樣的五指手套》

【材料】雪特蘭島製 ARAN 毛線．並太：藍紫色（BSS-2）或薄荷綠（BSS-1）75g

【工具】7號．8號棒針

【密度】19針33段＝10㎝四方形

【完成尺寸】手掌圍20㎝　長23.5㎝

●直接在7號棒針上作1針鬆緊針起針，起38針，翻回正面編織一段扭針的1針鬆緊針，此為第1段。第2段開始以環編進行扭針的1針鬆緊針，織17段（不織袋編）。

●換8號針編織手背和手掌。第18段在大拇指開口的位置織入別線（參照p.40）。

●織31段後，開始編織小指。從手背挑5針再作捲加針2針，手掌挑5針，以12針進行編織。指尖的減針要作成下針在上的2併針，結束段作縮口收針束緊。

●依序編織無名指，中指，食指。

●大拇指的織法是解開別線後，將下方右側的渡線織扭針，再挑原本6針，左側半目也織扭針，加上方的7針（兩端針目織扭針），總共挑15針編織（右手大拇指的挑針法參照p.62）。在第2段減一針，以14針進行編織。

●編織對稱的左手，但是扭針的1針鬆緊針和右手相同。編織手背與手掌的第1段時，要加作一針滑針，將第2針的上針當作第1針。

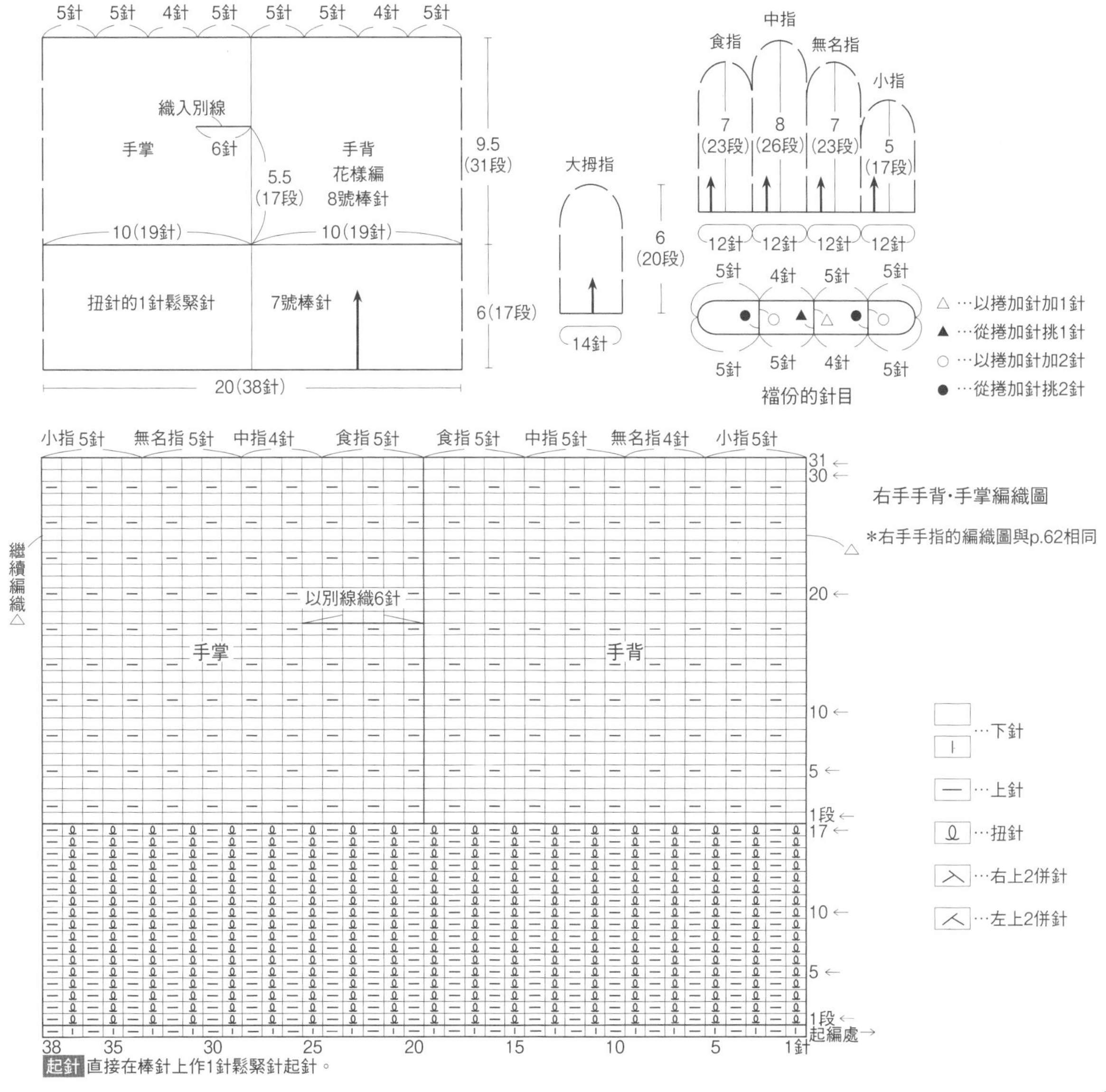

起針 直接在棒針上作1針鬆緊針起針。

9

【密度】19針33段＝10㎝四方形
【完成尺寸】手掌圍20㎝　長23.5㎝

p.10《鑽石花樣的五指手套》

【材料】雪特蘭島製ARAN毛線・並太：薄荷綠（BSS-1）75g
【工具】7號・8號棒針・麻花針

●編織方式與作品**8**（p.61）相同，結構圖請參考p.61。

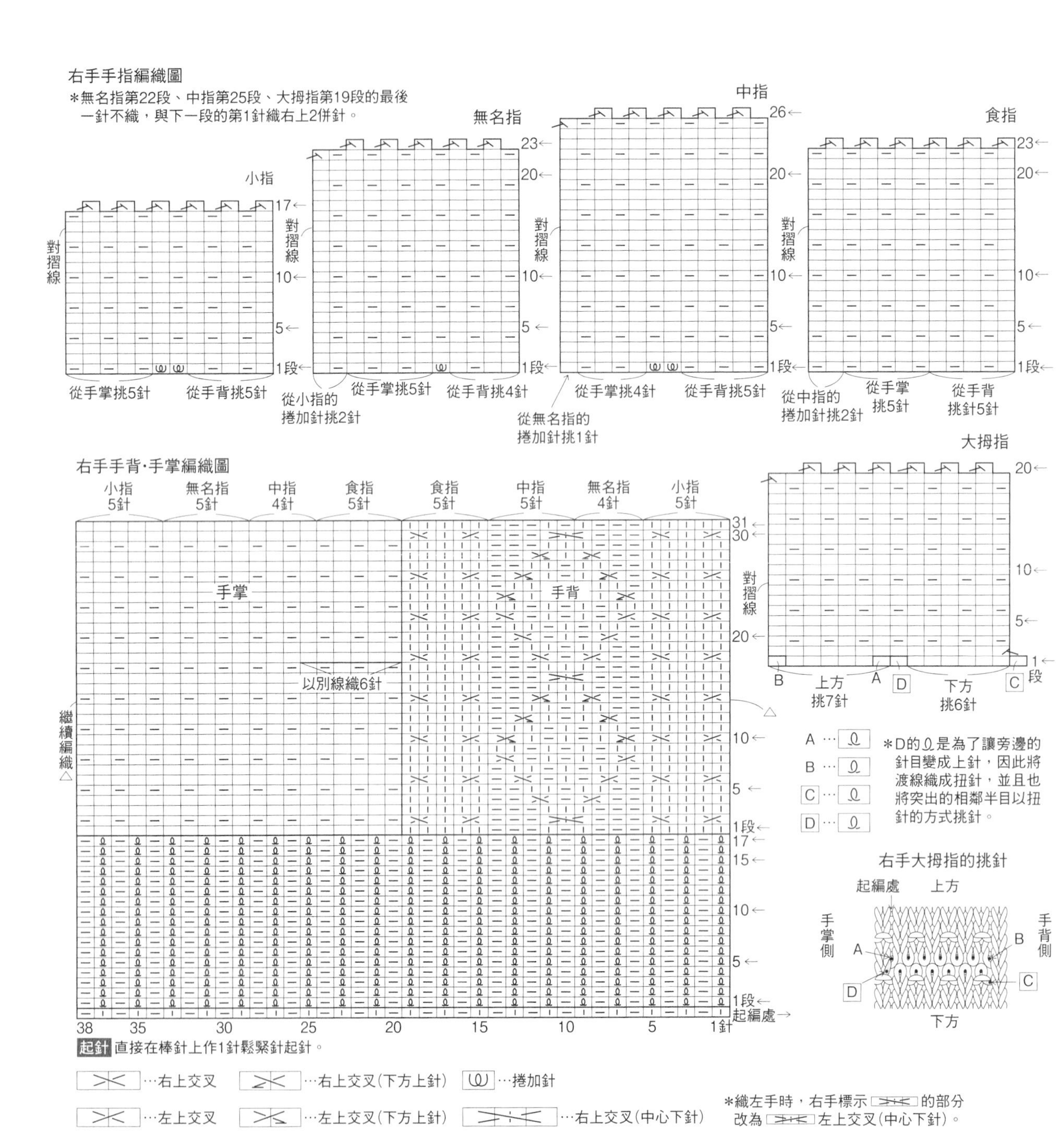

10

p.11《鑽石花樣的長版五指手套》

【材料】AVRIL Mohair Tam 威士忌(51) 75g

【工具】7號．8號棒針．麻花針

【密度】20針31段＝10㎝四方形

【完成尺寸】手臂圍25㎝ 長34.5㎝

●直接在7號棒針上作1針鬆緊針起針，起50針，翻面編織一段扭針的1針鬆緊針，此為第1段。第2段開始以環編進行扭針的1針鬆緊針，織8段（不織袋編）。

●換8號針編織手背和手掌，依編織圖在手掌減針。第60段在大拇指開口的位置織入別線（參照p.40）。

●織73段後，開始編織小指。從手背挑5針再作捲加針2針，手掌挑5針，以12針進行編織。指尖的減針要作成下針在上的2併針，結束段作縮口收針束緊。

●依序編織無名指，中指，食指。

●大拇指的織法是解開別線後，將下方右側的渡線織扭針，再挑原本6針，左側半目也織扭針，加上方的7針（兩端針目織扭針，參照織圖），總共挑15針編織。在第2段減一針，以14針進行編織。

●編織對稱的左手，但是扭針的1針鬆緊針和右手相同。編織手背與手掌的第1段時，要加作一針滑針，將第2針的上針當作第1針。

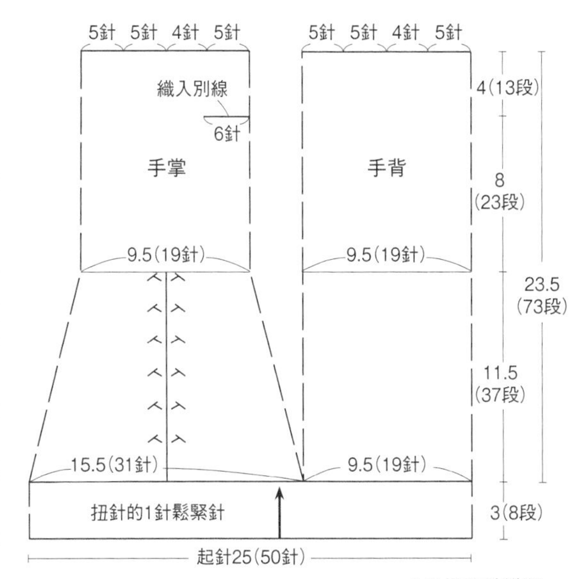

＊手指的結構圖與p.61相同。編織圖與p.62相同。

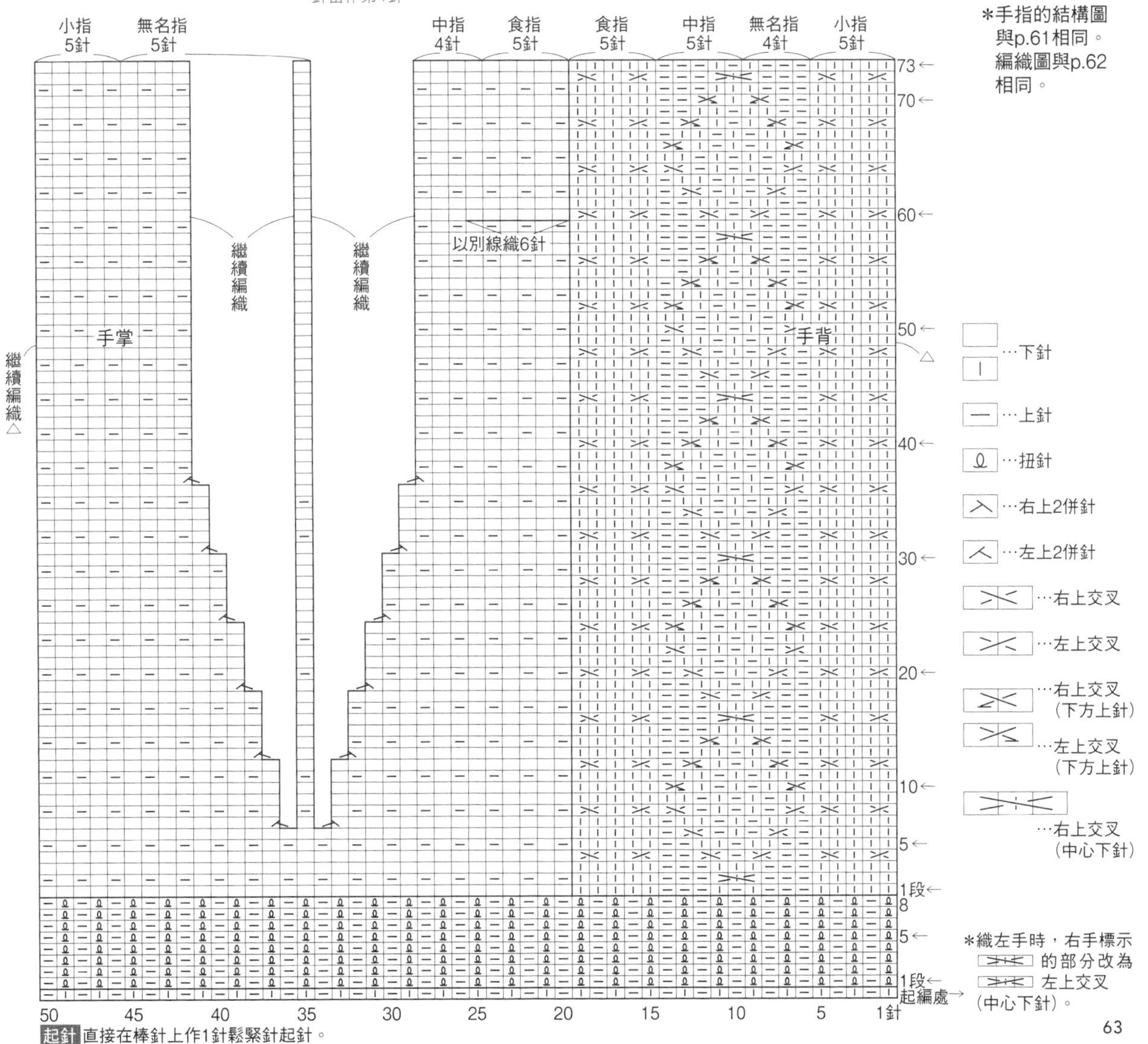

起針 直接在棒針上作1針鬆緊針起針。

＊織左手時，右手標示 的部分改為 左上交叉(中心下針)。

p.8《基本款五指手套・細線編織》

【材料】ROWAN　Felted Tweed：紅色（150）45g

【工具】2號・3號棒針

【密度】29針43段＝10㎝四方形

【完成尺寸】手掌圍19㎝　長23.5㎝

●直接在2號棒針上作1針鬆緊針起針，起48針，翻回正面即為第1段袋編。袋編第2段開始以環編進行，以1針鬆緊針編織26段（起針方式參考p.100）。

●換3號棒針編織手背和手掌，一邊在手掌加針一邊編織。第24段在大拇指開口的位置休12針，再織10針捲加針。

●織36段後，開始編織小指。從手背挑7針再作捲加針2針，手掌挑7針，以16針編織。結束段作縮口收針束緊。

●在小指以外的42針，以及織小指時作的捲加針2針上挑針，編織5段。接著依序編織無名指、中指與食指。

●大拇指的織法，是在休針的12針以及捲加針的10針上挑針，經過3次減針後，以19針編織拇指。結束段作縮口收針束緊。

●編織對稱的左手。

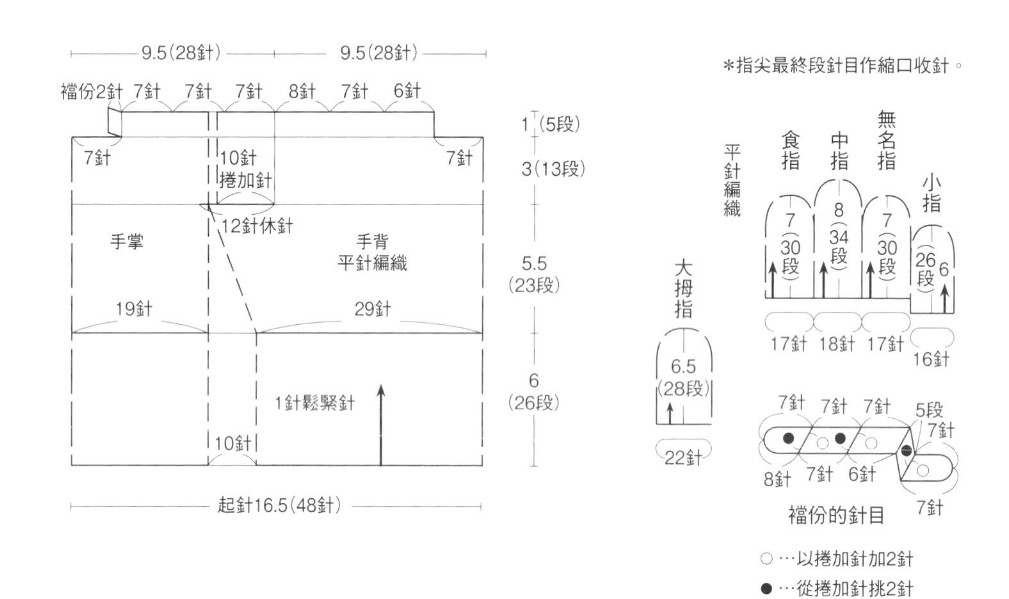

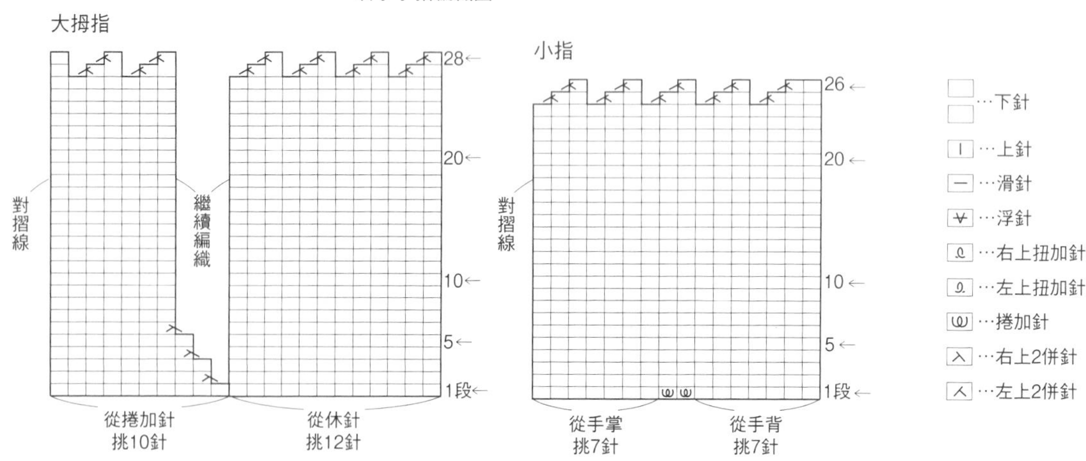

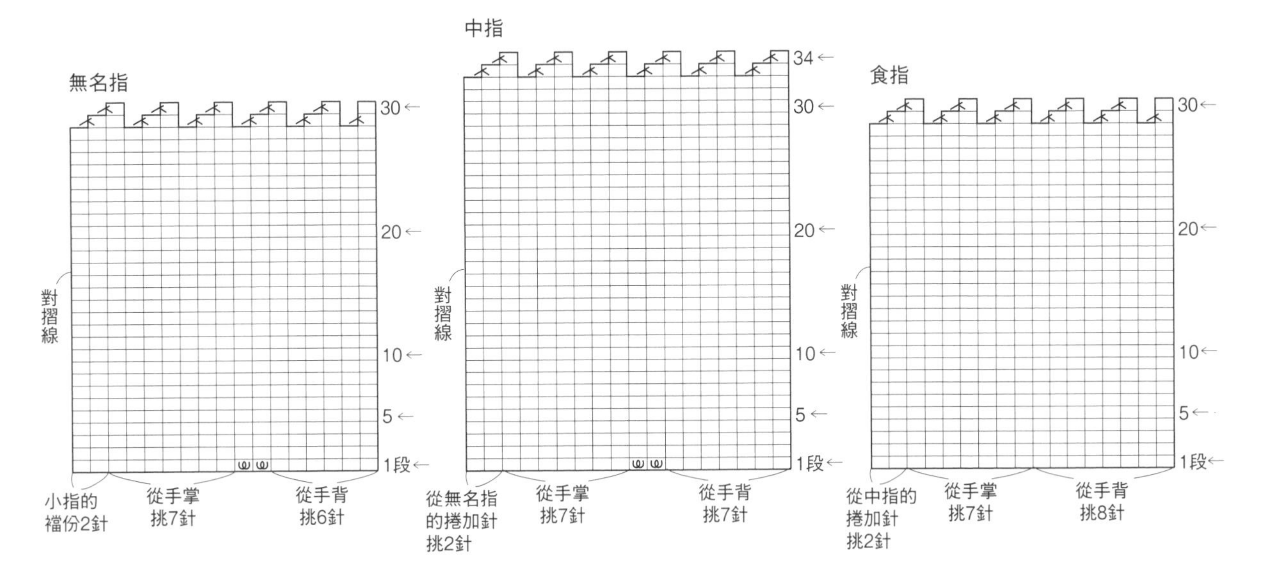

右手手背·手掌編織圖

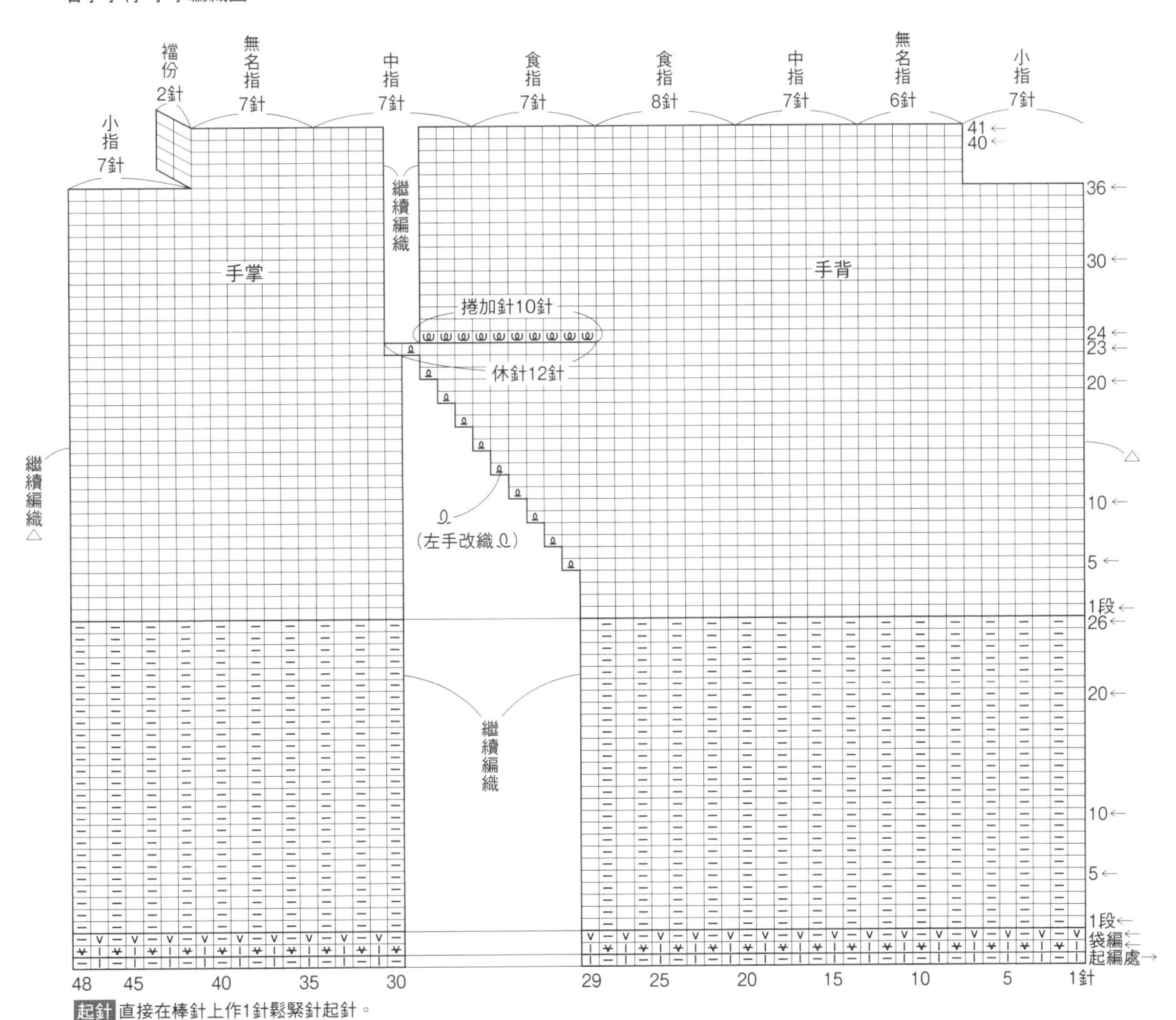

起針 直接在棒針上作1針鬆緊針起針。

11,12

p.12,13《鉤織花朵併指手套》

【材料】**11** 彩色併指手套…雪特蘭島製的費爾圖案用毛線（2ply Jumper Weight・中細）：深紅（9113）4g・粉紅（9144）3g・霜降紅（72）5g・淺粉紅（FC50）3g・紫色（123）3g・可可色（3）3g・淺紫色（FC51）3g・黃綠色（FC12）1g・霜降淺綠（FC62）1g・抹茶色（FC46）1g・炭茶色（FC58）25g

12 雪色併指手套…雪特蘭島製的費爾圖案用毛線：自然白（2001）45g・白（1）15g，Rich More Excellent Mohair（Count 10）白（46）25g

＊取雪特蘭線（20001或1）與Rich More白色線各一，以兩條線一起編織。

【工具】4/0號・6/0號（起針用）鉤針

【密度】手掌的長針24針11段＝10㎝四方形

【完成尺寸】手掌圍 18㎝　長度 18㎝

《手掌的織法》

●起針以7/0號鉤針鉤34針鎖針，接著換成4/0號鉤針織到第6段。

●第7段在手套口部分的第14針長針接線，以共線鉤10針鎖針。總共在手套口挑14針，鎖針10針，再加2針，鉤26針長針（其餘26針休針）

●依編織圖鉤到第10段。

●在第7段10針鎖針的另一邊挑針，鉤織第6段的26針休針。

●接合大拇指。

《手背的織法》

●織片全都以4/0號鉤針編織。

●依照織片A～J順序編織，在最終段接合織片（參考手背編織圖）。

●鉤織手背編織圖粗線部分，作出併指手套的形狀。

《手掌與手背的接合》

●將手掌與手背的織片正面相對，以手掌織片面對自己的方向鉤短針接合。

《手套口的緣編》

●接合手掌與手背後，在手套口鉤一段短針與一段變形逆短針。

●編織對稱的左手，織片顏色請參照配色表。

手掌 長針　11（26針）　17.5（40針）　大拇指　6.5（14針）　3.5（4段）　6.5（14針）　9（10段）　0.5（2段）

11　3.5（4段）　大拇指　6.5（14針）　17.5　手背 接合花朵織片　0.5（2段）　9

作品的配色

織片	11 彩色併指手套 左手	11 彩色併指手套 右手	12 雪色併指手套 ＊1 左手	12 雪色併指手套 ＊1 右手
A	72	9113	2001	1
B	3	123	1	1
C	FC51	FC50	2001	2001
D	FC52	3	1	2001
E	FC12	FC62	1	2001
F	FC46	FC12	2001	2001
G	123	FC51	2001	1
H	9113	9144	2001	1
I	9144	72	1	2001
J	FC62	FC46	1	2001
其他 ＊2	FC58		2001	

＊1 雪色併指手套是以雪特蘭線材加Mohair Count 10，以兩條線一起編織。

＊2 其他為手背織片外框（手背編織圖粗線部分），手掌、手掌與手背接合的短針，以及手套口的緣編。

右手手背編織圖

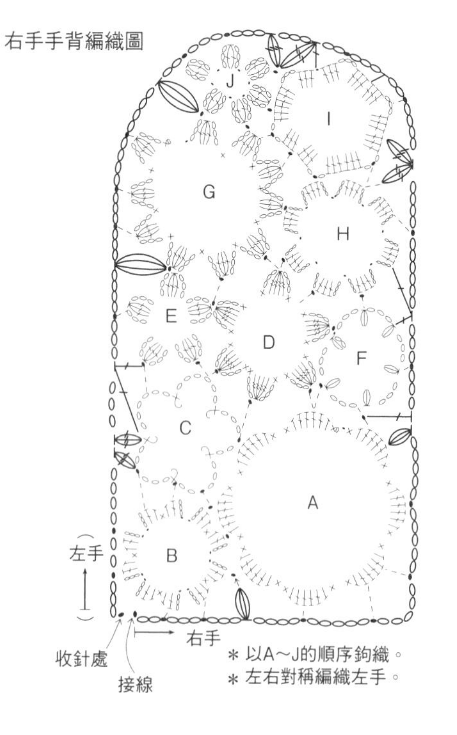

右手手掌編織圖 4/0號

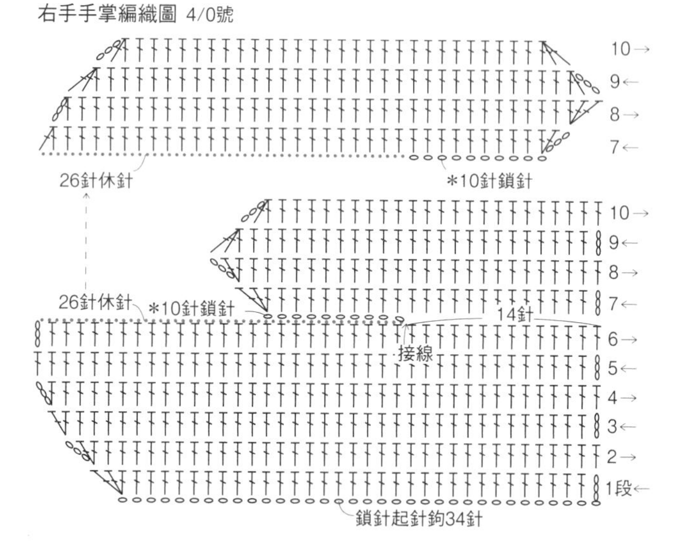

織片編織圖

A 6段+1段(直徑約7cm)

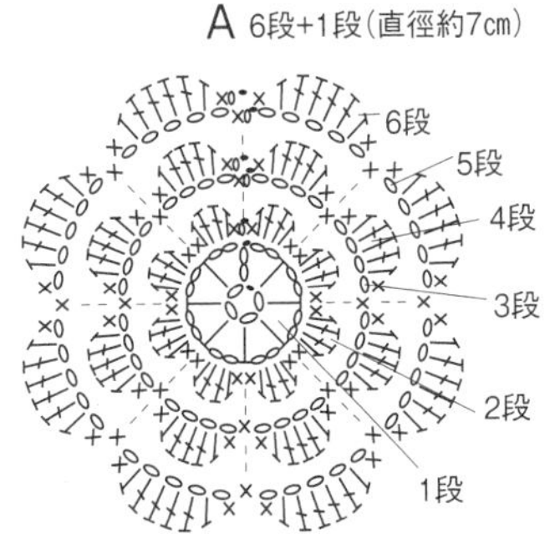

＊在第1段的中長針上重複鉤織短針的表引針與4針鎖針。

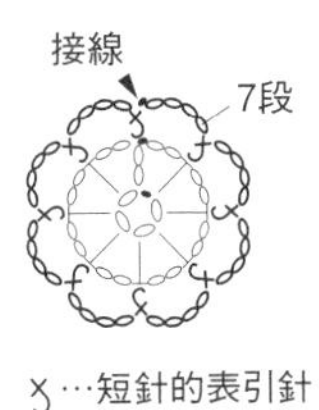

ꭗ…短針的表引針

＊鉤第3段短針時，要將第2段的花瓣往自己壓下，在第1段的中長針上鉤織。第5段也是，在第3段的短針上鉤織。

B 3段(直徑約3.5cm)

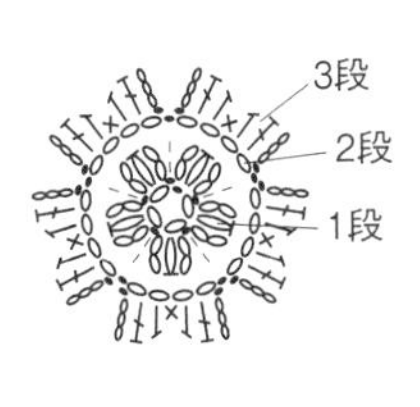

C 5段(直徑約4cm)

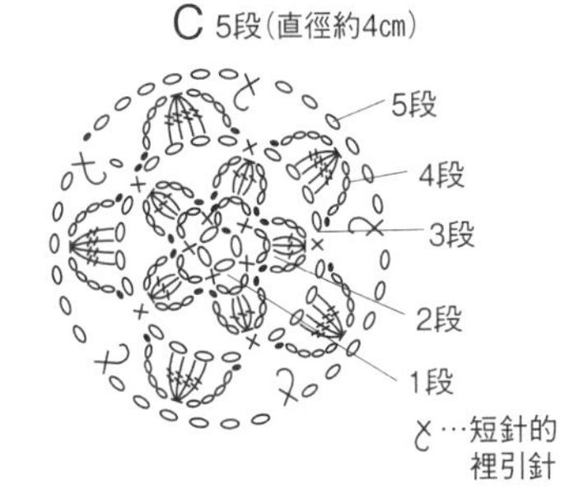

ꭗ…短針的裡引針

＊第3段的短針是在背面鉤織，在第一段 ×⌒× 間的起針輪入針。
＊第5段是在第1段的短針上重複鉤織短針的裡引針與6針鎖針。

E 1段(直徑約2.5cm)

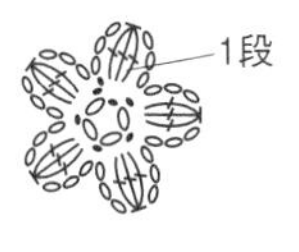

D 4段+1段(直徑約4.5cm)

4段
3段
2段
1段

接線
5段

＊在第1段的引拔針上重複鉤織短針的表引針與3針鎖針。

＊第3段是在第1段的引拔針上重複鉤織短針的裡引針與4針鎖針。

F 1段(直徑約2.5cm)

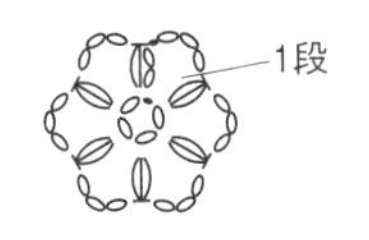

G 4段+1段(直徑約5.5cm)

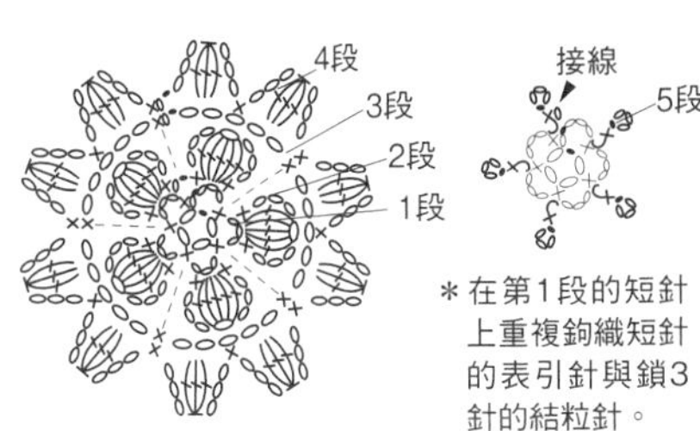

＊在第1段的短針上重複鉤織短針的表引針與鎖3針的結粒針。

H 3段(直徑約4cm)

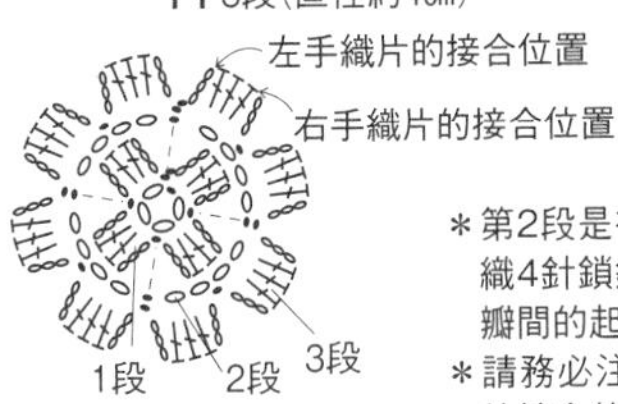

＊第2段是在第1段背面重複鉤織4針鎖針，然後在第1段花瓣間的起針輪上鉤引拔針。
＊請務必注意，右手與左手織片接合的位置不同。

I 3段(直徑約4.5cm)

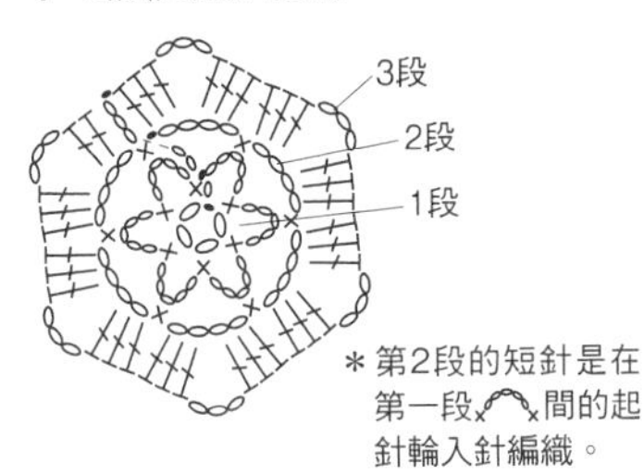

＊第2段的短針是在第一段×⌒×間的起針輪入針編織。

J 1段(直徑約2.5cm)

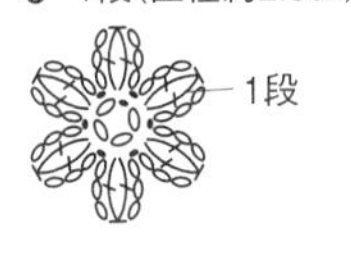

引拔接合

1 第2片 第1片

2

3

4

5

＊請一併參照p.75

手掌與手背的接合

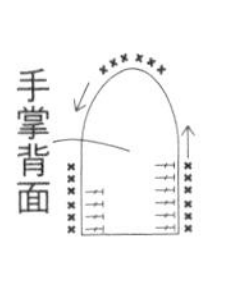

手掌與手背正面相對

＊在長針頂端挑針，鉤1針短針。
＊在一段長針上鉤2針短針。

手套口的緣編(環編)

ꭗ…變形逆短針(參照p.104)

13

《鉤織蕾絲婚禮手套》

【材料】DMC　Cordonnet Special 70號 ECRU 20g

【工具】12號蕾絲鉤針（織片）· 10號蕾絲鉤針（網狀編）

【密度】織片＝2㎝四方形 · 網狀編 橫18個縱30個＝10㎝四方形

【完成尺寸】手掌圍16㎝　長22㎝

- 首先鉤織手背。一邊織到織片第3段一邊接合，並且鉤織手掌手套口的5片織片（小指側的開口）。
- 在手掌手套口的織片上挑針，鉤織鎖5針的網狀編（15.5個網），左右兩端在手背織片作引拔針。在第6段、第13段、第20段各增加2個網（參考手掌網狀編織圖）。
- 第23段鉤大拇指開口（鎖針10針）。第24段，在23段的鎖針鉤2.5個網。24至32段都是以15.5個網編織。
- 第33段，只鉤12個網，留下小指的部分不織。接著鉤10針鎖針，在手背織片的接合點ⓐ作引拔針。再鉤2針鎖針在ⓑ作引拔針。
- 第34段，鉤5針鎖針，將33段的10針鎖針鉤成網狀編。第35段鉤14.5個網，在ⓖ鉤引拔針。第36段不加減。
- 第37段的食指鉤法。先鉤5個網與5針鎖針，然後在ⓒ作引拔針。再鉤2針鎖針，在ⓓ作引拔針。一邊與食指的織片接口一邊鉤網狀編（鉤到第54段）。第55段，以鎖4針的網狀編持續編織。最後剪線，將鎖4針的網狀編縮口收針束緊。
- 第37段的中指鉤法。在ⓒ接線，鉤5個網與5針鎖針，然後在ⓔ作引拔針。再鉤2針鎖針，在ⓘ作引拔針。繼續鉤織完成中指。
- 第37段的無名指鉤法。在ⓔ接線，鉤6個網與2針鎖針，然後在ⓗ作引拔針。繼續鉤織完成無名指。
- 鉤織第33段的小指。在ⓐ接線，鉤5個網與2針鎖針，在ⓘ作引拔針。繼續鉤織完成小指。
- 大拇指以10個網的往復編作成筒狀，最終段將鎖4針網狀編縮口收針束緊。
- 在手套口挑針鉤織2段緣編。
- 對稱鉤接左手手背的織片，手掌部分從網狀編第1段的背面起針編織，作法和右手相同。

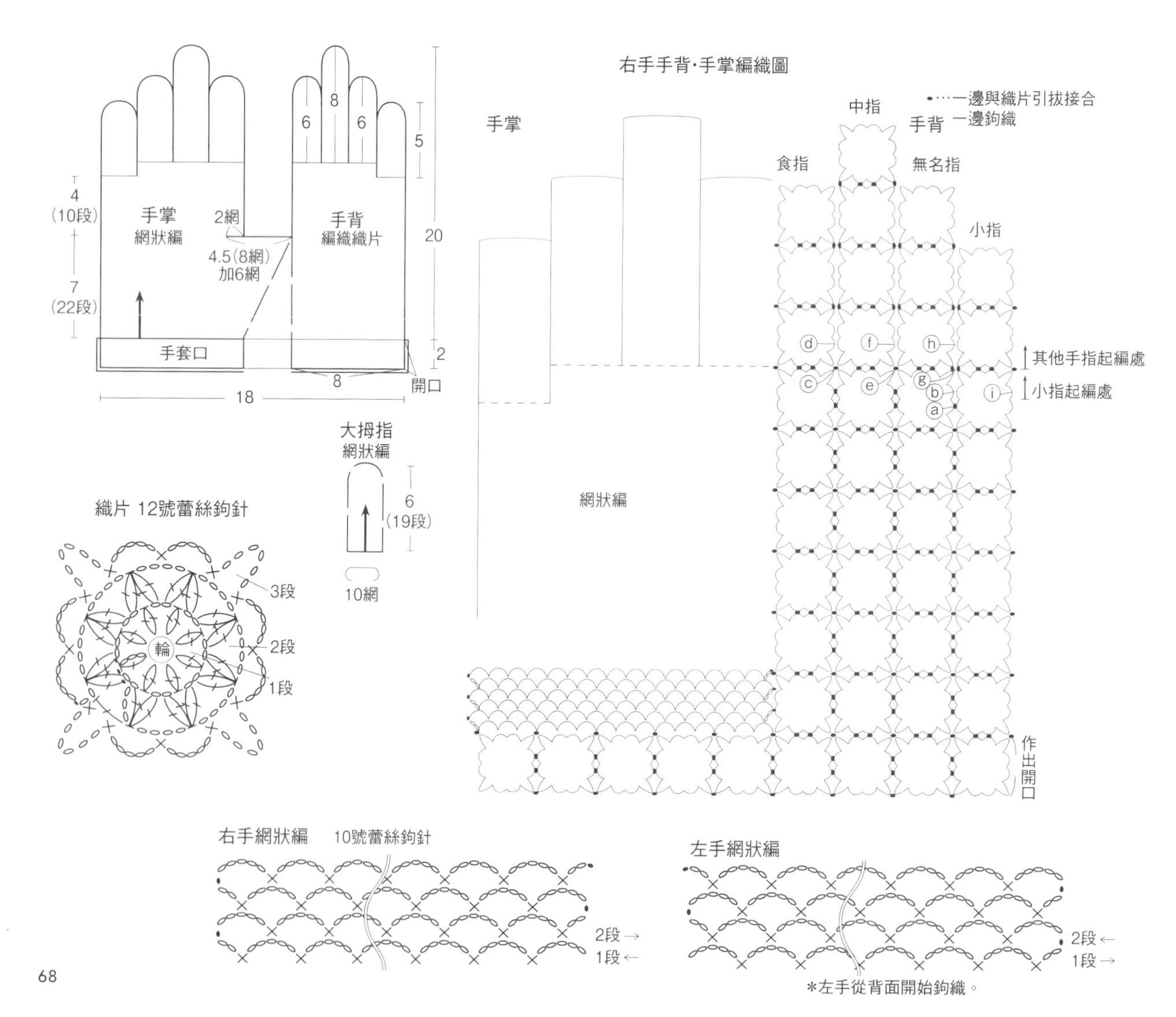

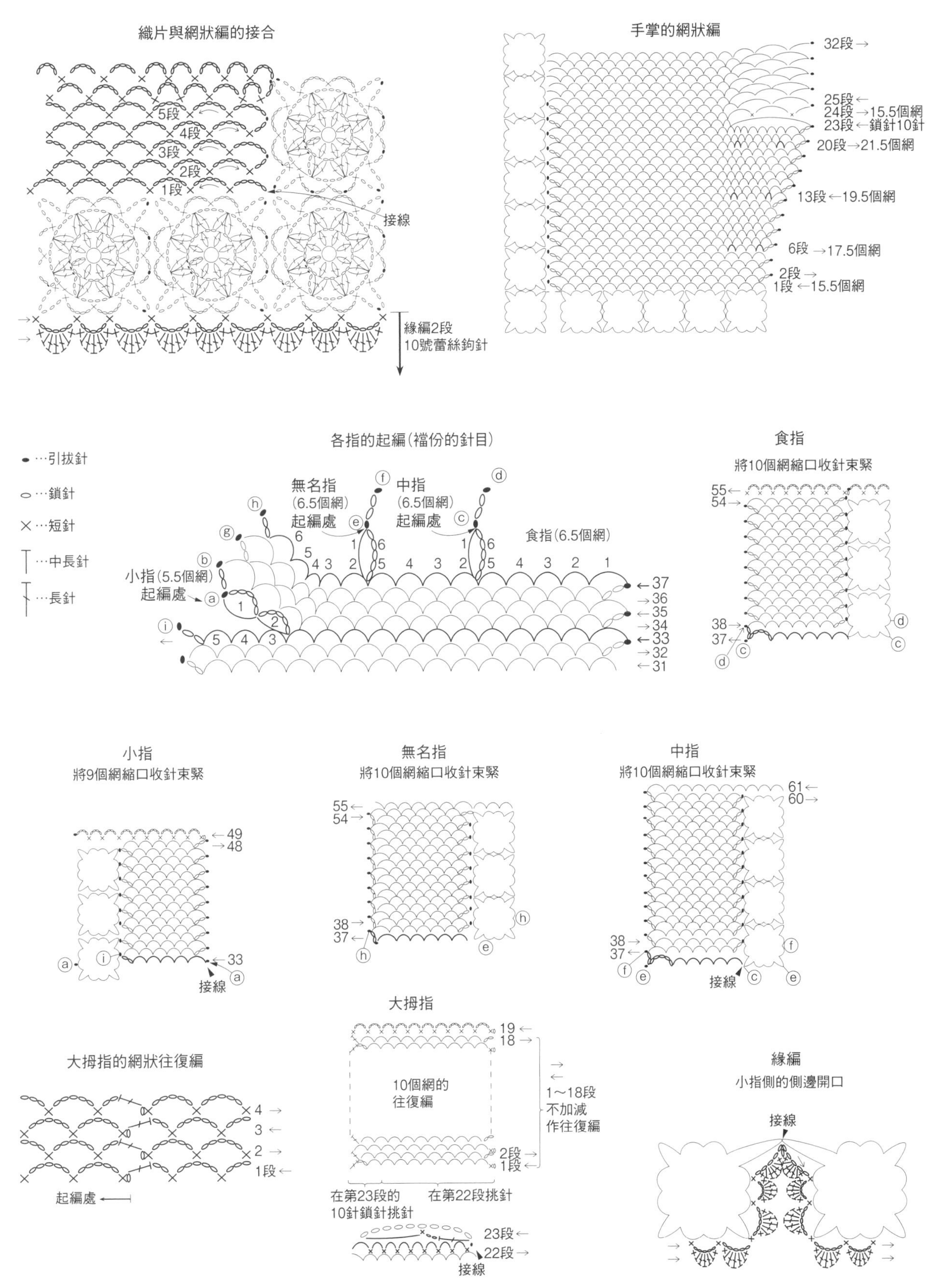
織片與網狀編的接合
5段
4段
3段
2段
1段
接線
緣編2段
10號蕾絲鉤針
手掌的網狀編
32段→
25段←
24段→15.5個網
23段←鎖針10針
20段→21.5個網
13段←19.5個網
6段→17.5個網
2段→
1段←15.5個網
●…引拔針
○…鎖針
×…短針
…中長針
…長針
各指的起編(襠份的針目)
無名指
(6.5個網)
起編處
中指
(6.5個網)
起編處
食指(6.5個網)
小指(5.5個網)
起編處
食指
將10個網縮口收針束緊
小指
將9個網縮口收針束緊
無名指
將10個網縮口收針束緊
中指
將10個網縮口收針束緊
接線
大拇指
10個網的
往復編
1~18段
不加減
作往復編
在第23段的
10針鎖針挑針
在第22段挑針
23段←
22段→
接線
大拇指的網狀往復編
1段←
起編處
緣編
小指側的側邊開口
接線

14

p.15《串珠編織手套》

【材料】PUPPY NEW 3 PLY：深藍（327）40g・Miyuki 丸小玻璃珠 銀色（H1）254顆

【工具】0號棒針

【密度】上針平針編織 38 針 56 段 = 10 cm四方形

【完成尺寸】手掌圍 20 cm　長 24 cm

●這款手套除了手套口以外，皆是以上針平針編織編織。不過也可以下針平針編織，完成後再翻回正面，解開別線編織手套口。由於串珠是在上針平針編織面，因此編織時花樣是在背面。

●別線鎖針起針法起56針，依編織圖在四個地方一邊加針一邊進行下針平針編織。標示●的地方穿入玻璃珠一起編織。

●第31段在大拇指開口的位置休16針，再織9針捲加針（參照p.46）。

●編織53段後，開始編織小指。從手掌挑9針再作捲加針4針，手背挑8針，以21針進行編織。結束段作縮口收針束緊。

●在小指以外的59針，加上織小指時作的4針捲加針上挑針，編織6段。接著依序編織無名指、中指與食指。在捲加針上挑針時，請看著完成面的上針平針側編織。

●大拇指的織法，是從休針挑16針，捲加針挑10針，而休針兩側針目與捲加針間的渡線要織成扭針2併針（休針在上，參照p.47），以26針編織拇指。

●完成手指後，以上針平針編織面作為正面（可以看到串珠花樣）。

●解開別線，編織手套口。第1段以花樣編的掛針加針，織成70針。

●若是看著完成面的上針平針編織，請務必注意花樣要左右對稱。

●左右手的串珠位置與手套口花樣不同（參照編織圖）。

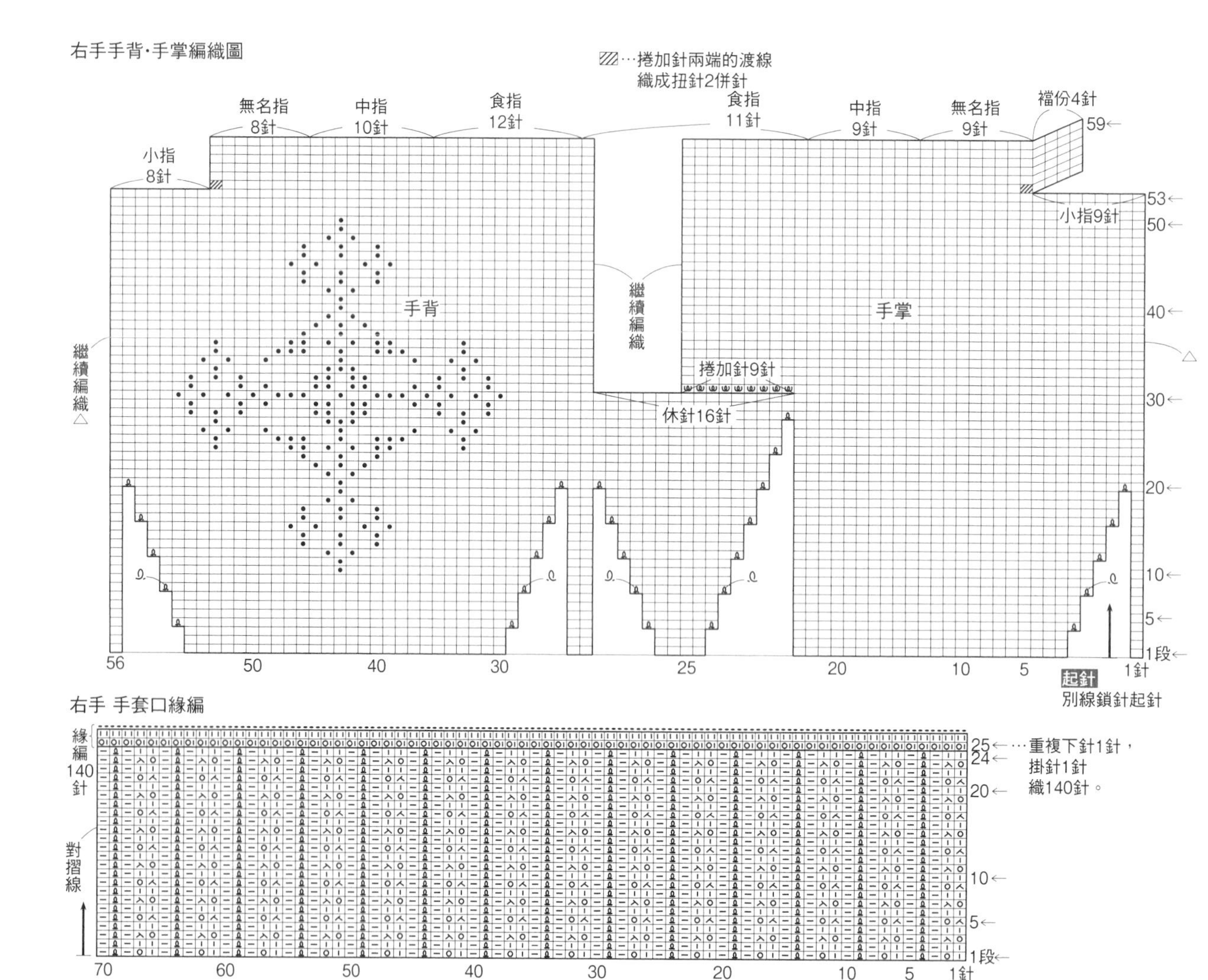

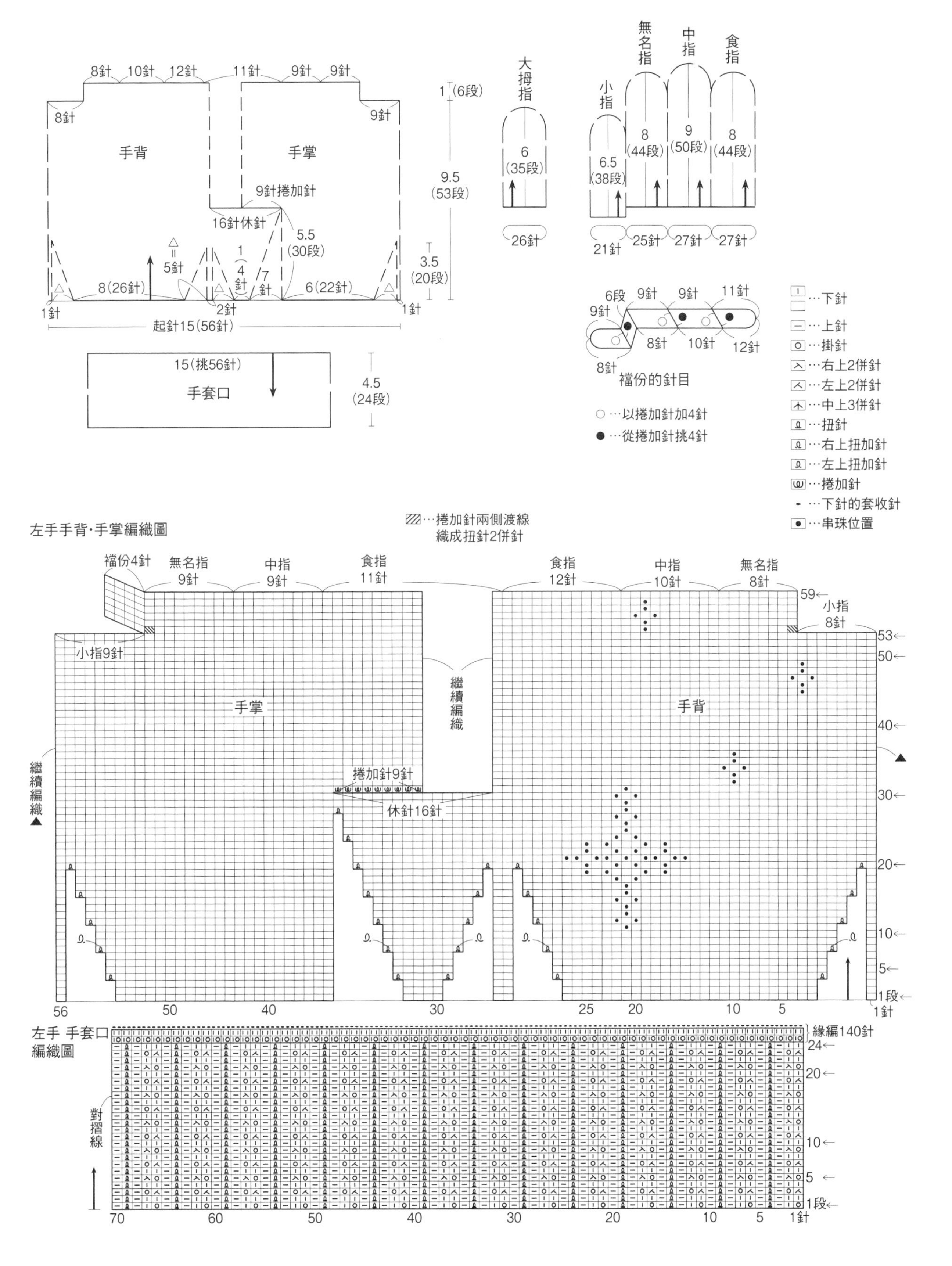

手背
手掌
9針捲加針
16針休針
起針15(56針)
15(挑56針)
手套口
大拇指
小指
無名指
中指
食指
襠份的針目
○…以捲加針加4針
●…從捲加針挑4針
…下針
…上針
…掛針
…右上2併針
…左上2併針
…中上3併針
…扭針
…右上扭加針
…左上扭加針
…捲加針
…下針的套收針
…串珠位置
左手手背·手掌編織圖
…捲加針兩側渡線
織成扭針2併針
襠份4針
捲加針9針
休針16針
繼續編織
左手 手套口
編織圖
緣編140針
對摺線

14

右手手指編織圖
（左手從手背挑針。食指不織串珠，無名指織入串珠。）

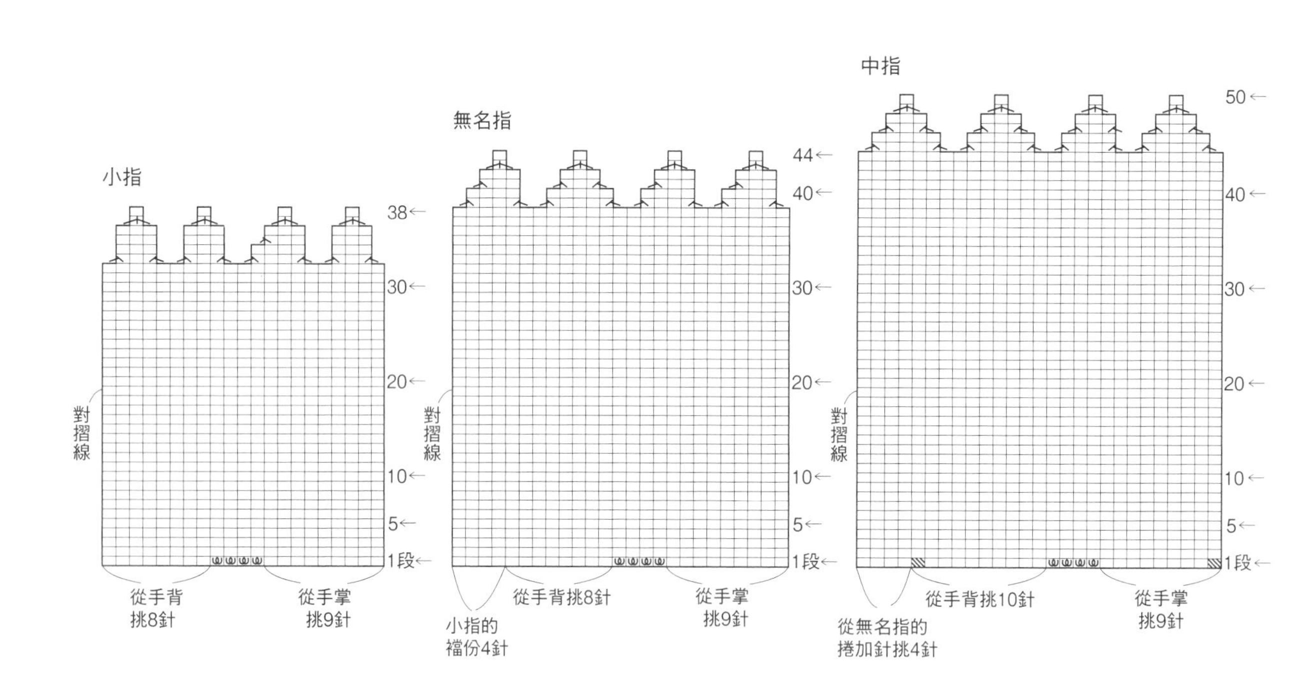

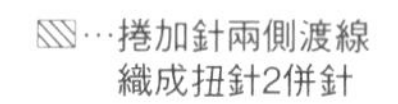

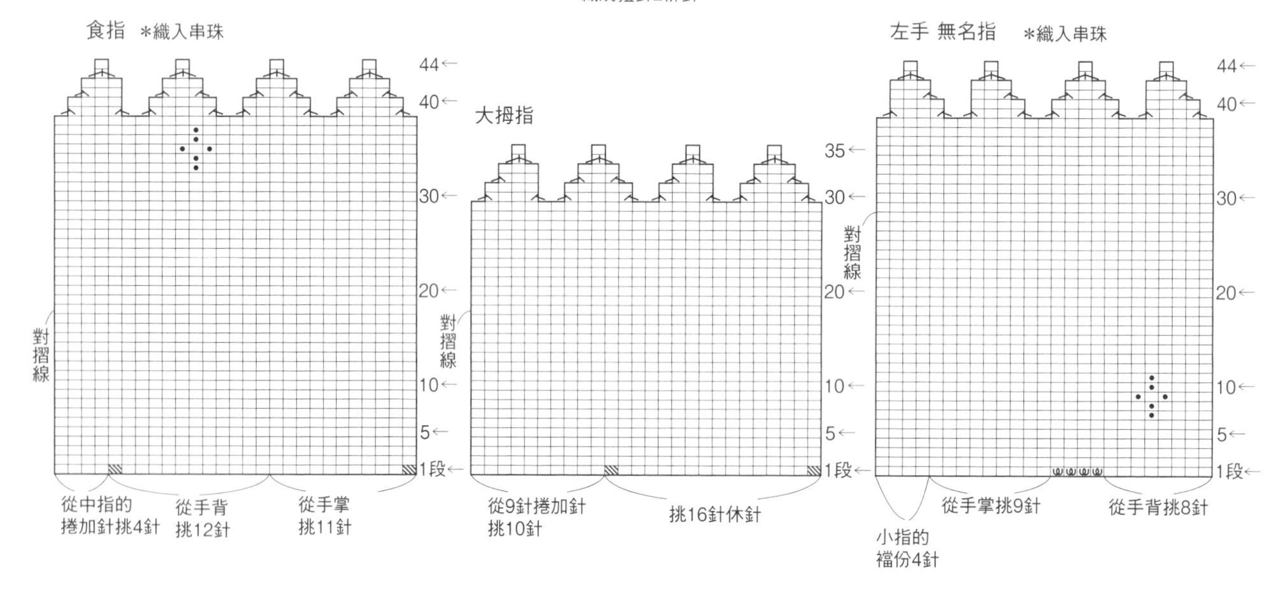

15

p.16《斜織併指手套》

【材料】HOBBYRA-HOBBYRE
Roving Kiss：紫色段染（31）60g
【工具】4號棒針
【密度】20針29段＝10㎝四方形
【完成尺寸】手掌圍18㎝　長21㎝

●別線鎖針起針法起38針。
●按照編織圖進行18段往復編。
●解開別線鎖針起針的13針A，與第18段的13針B進行平針併縫（完成大拇指）。第18段其餘的25針暫時休針。
●第19段另外以新的別線鎖針起針法起27針，然後接著織休針的25針（變成52針）。

●依編織圖進行到第66段。
●解開第19段別鎖起針的27針與第1段別鎖起針的25針，共52針移至棒針上，與收編處作平針併縫。
●將併指指套與大拇指指尖分別作縮口收針束緊。
●以相同方式再織一次，即可完成左右兩手。

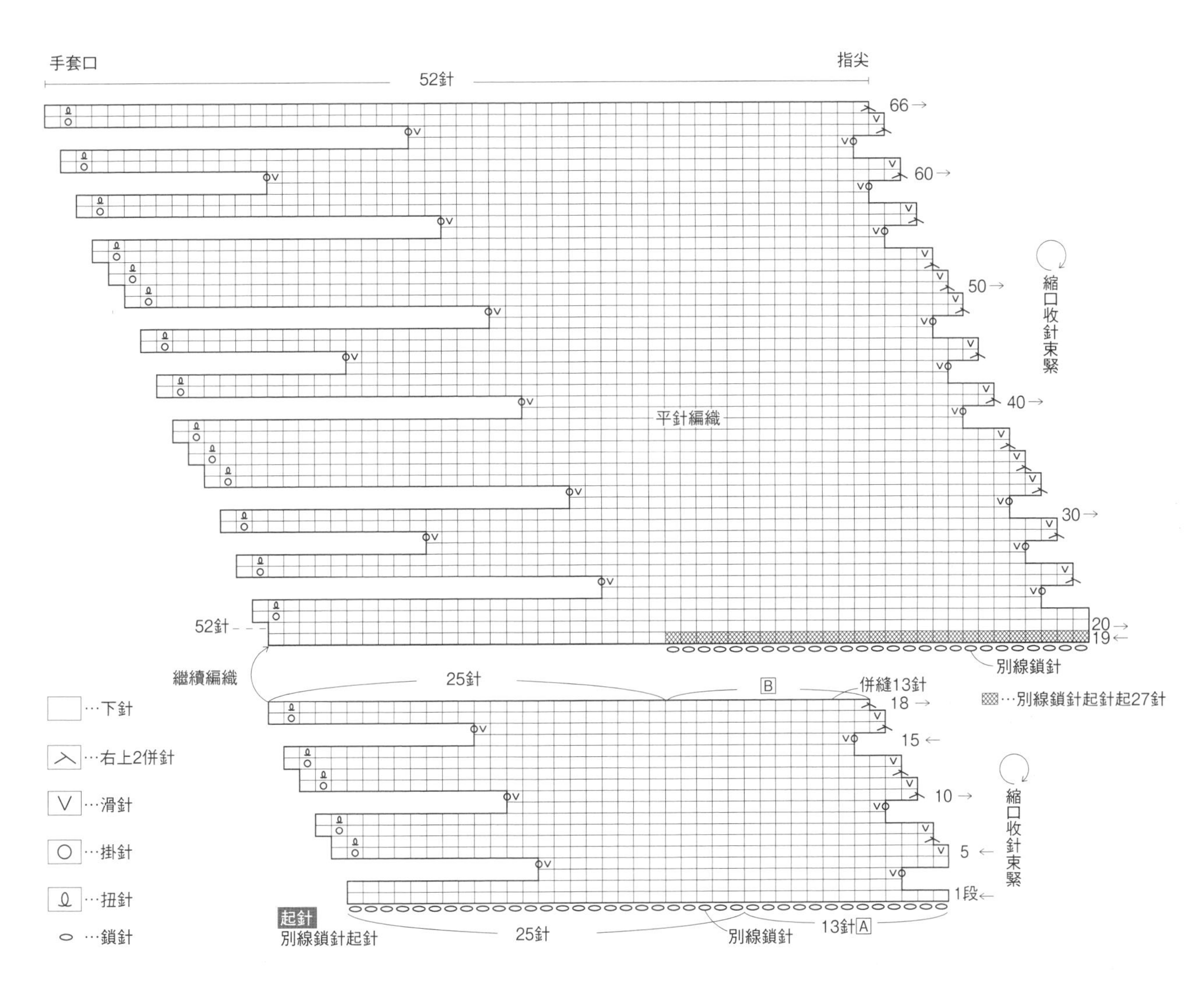

16

p.17《鉤織毛海玉針併指手套》

【材料】ROWAN　Kidsilk Haze 水藍色（640）45g

【工具】5/0 號・4/0 號鉤針・7/0 號鉤針（起針用）

【密度】花樣編織 A・B 皆為 1 個花樣（6 針 2 段）＝3.5×1.6㎝

【完成尺寸】手掌圍 18㎝　長 20.5㎝

●取兩條線編織。

●起針以7/0號鉤針鉤30針鎖針。接著換成5/0號鉤針進行編織，以花樣編A鉤織手背，花樣編B鉤織手掌。花樣編A・B的第1段都是在鎖針上挑針鉤織，第2段開始則是在前段鎖針挑束鉤織。在第10段作出大拇指開口；在第9段的⊗鉤引拔後鉤6針鎖針，再於⊗鉤引拔。

●從第23段開始作指套的減針，結束段以捲針縫接合手背與手掌織片。

●大拇指以4/0號鉤針鉤織花樣編B，結束段作縮口收針束緊。

●手套內側朝自己，以4/0號鉤針鉤1段短針作為緣編。

●編織對稱的左手。

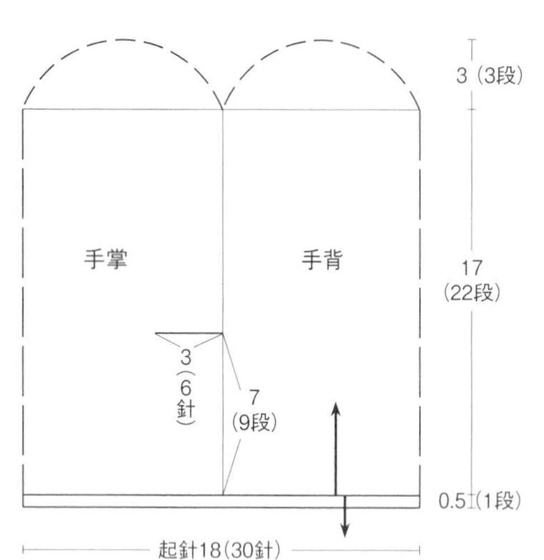

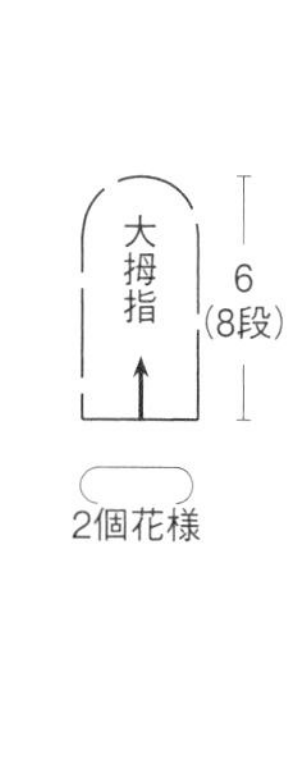

右手大拇指編織圖　4/0號

8←
7←
6←
5←
4←
3←
2←
1段←
第10段
第9段

…掛線鉤織2針鎖針高度的中長針玉針。

段的開始與結束

右手

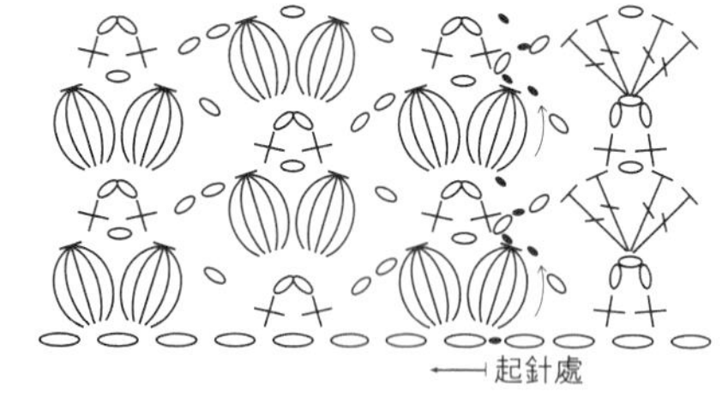

左手

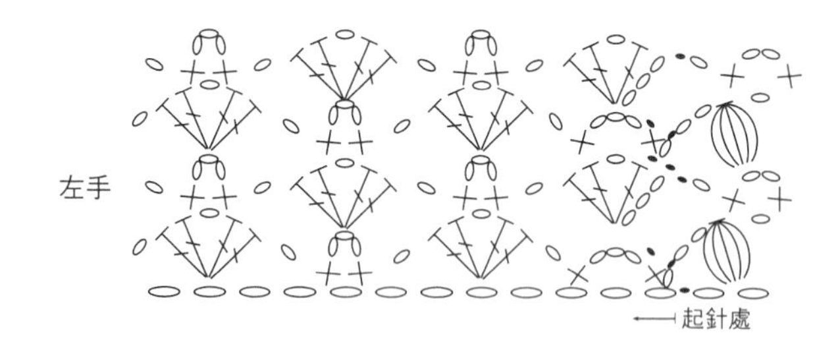

左手大拇指的鎖針鉤法

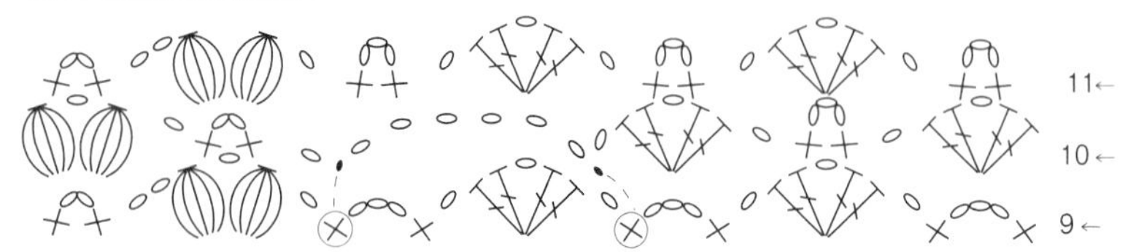

• …引拔針　　◇…2短針併針

○…鎖針　　T…中長針

×…短針　　…長針

…玉針（中長針5針）

緣編 4/0號（看著內側鉤織）

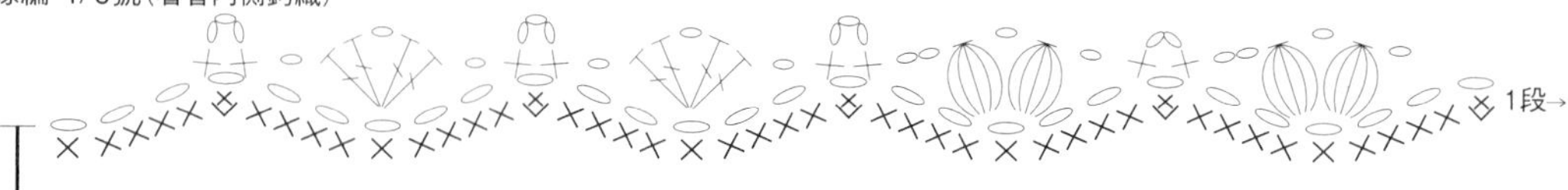

右手手背·手掌編織圖 5/0號

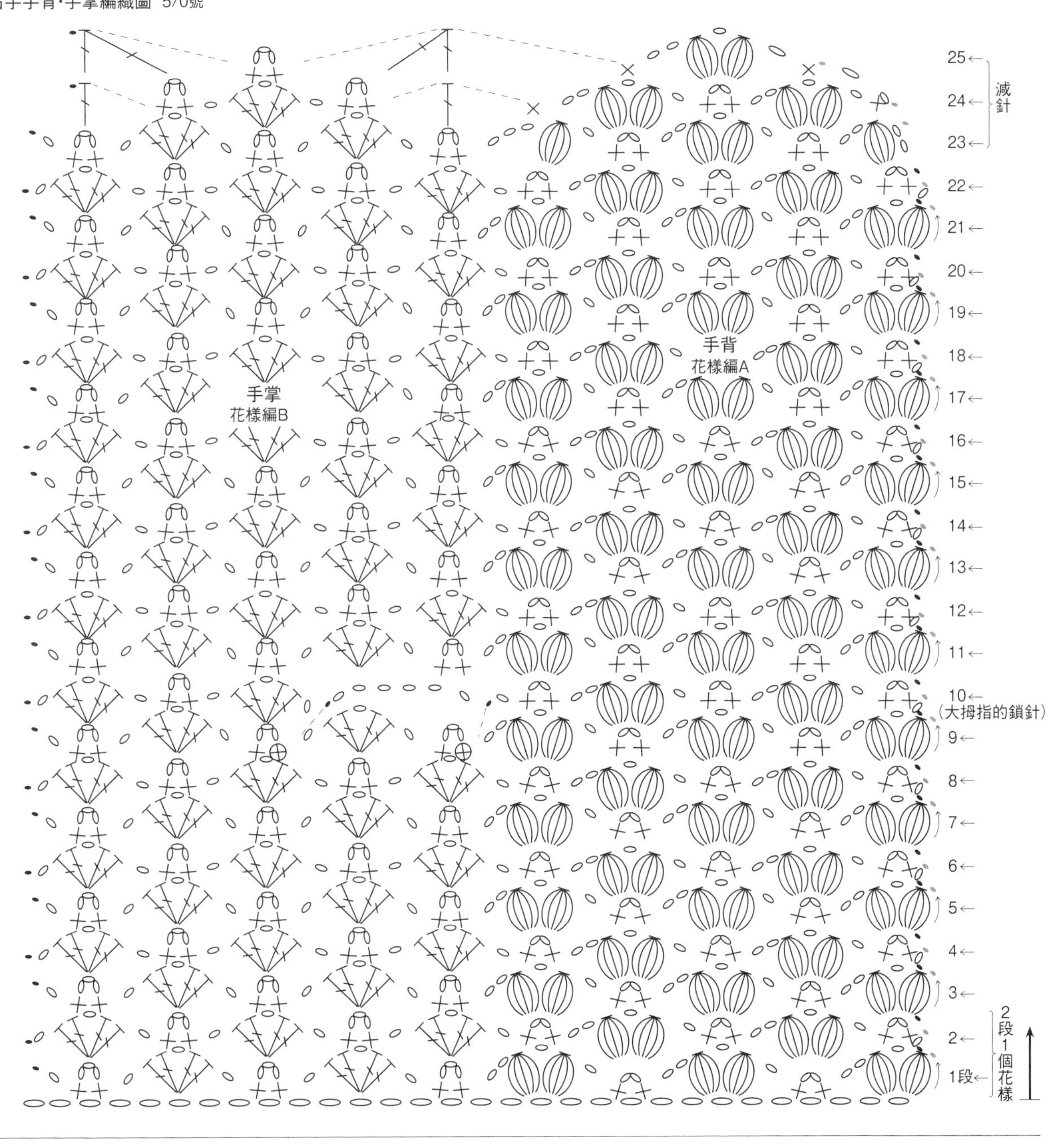

接續p.67

鉤織長針
接合織片的方法

1

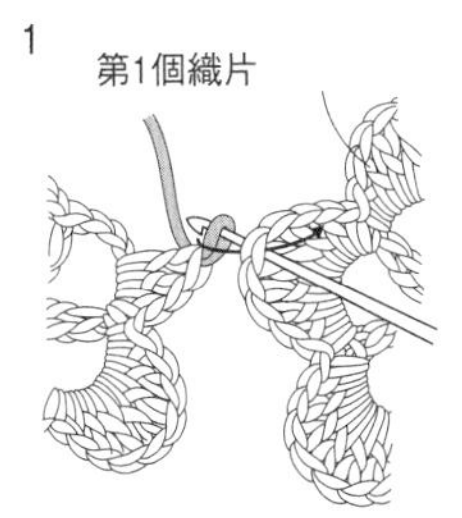

鉤長針前，鉤針先穿過第1個織片作引拔針。

2

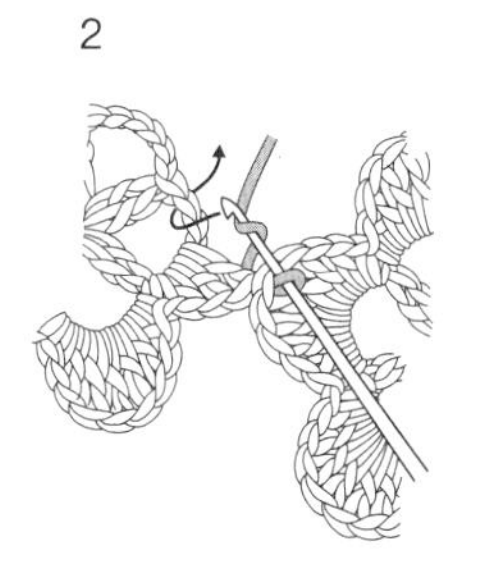

鉤針掛線。

3

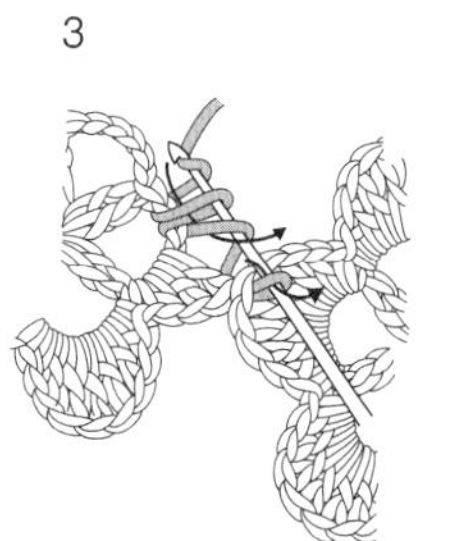

鉤織長針。

4

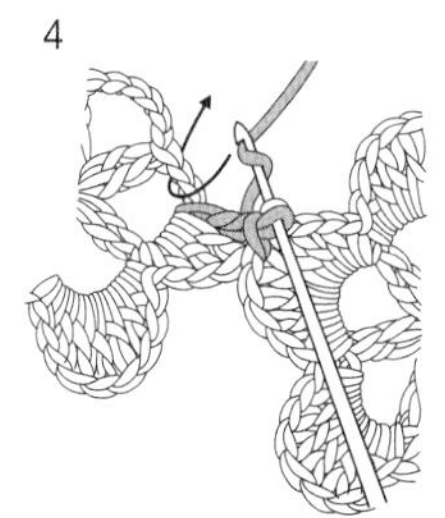

挑針鉤織下一針長針。

17,18

p.18，19《短針鉤織的五指手套》

18…粉紅色

【材料】Hamanaka Span Jewel 粉紅色（2）60g

【工具】6/0號．7/0號鉤針（起針用）

【密度】19針21段＝10cm四方形

【完成尺寸】手掌圍 18cm　長20cm

●起針以7/0號鉤針鉤34針鎖針。接著換成6/0號鉤針，以環編進行第1段的短針。

●手掌一處依編織圖加6針。

●在第15段的大拇指開口鉤4針鎖針，短針10針作休針。第16段，在4針鎖針上鉤4針短針，變成1段鉤34針，直到第22段都不加減。

●從第23段開始鉤織小指。在手背挑4針、鉤2針鎖針，再於手掌挑4針。結束段鉤5針2短針併針後剪線，線頭穿針作縮口收針束緊。

●小指以外的26針加上鉤小指時作的鎖針2針（共28針），再織2段短針。接著以鉤織小指的方式編織無名指、中指與食指。

●在大拇指休針的10針短針加上4針鎖針上挑針（共14針），鉤織短針作出大拇指。結束段全部鉤2短針併針後剪線，線頭穿針作縮口收針束緊。

●手套內側朝自己，鉤1段短針34針作為緣編。

●編織對稱的左手。

17…黑色

【材料】Hamanaka　Span Jewel 黑色（8）62g

【工具】6/0號．7/0號鉤針（起針用）

【密度】19針21段＝10cm四方形

【完成尺寸】手掌圍 18cm　長21.5cm

《與18不同處》

●起針（34針）不加減先鉤3段（約1.5cm長），接著開始鉤粉紅色的第1段。所以手背、手掌的段數都要＋3段。也就是從第5段開始加針，第18段作大拇指開口，小指從第26段開始編織。

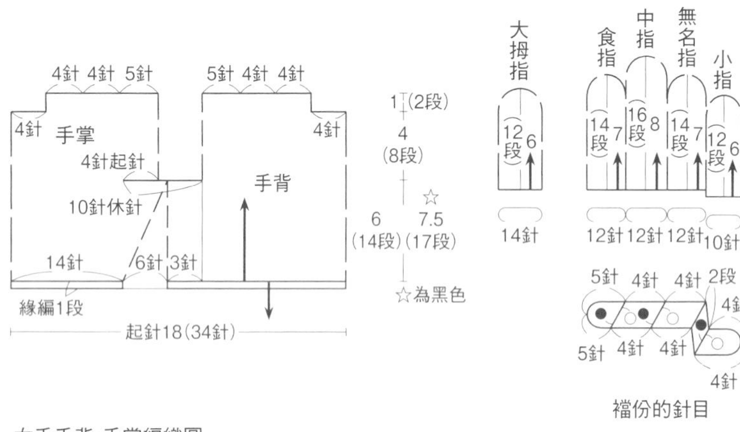

＊指尖的結束段全部鉤織2短針併針，將針數減成一半。

緣編（看著內側鉤織）

○…起2針

●…在2針上挑針

右手手背·手掌編織圖

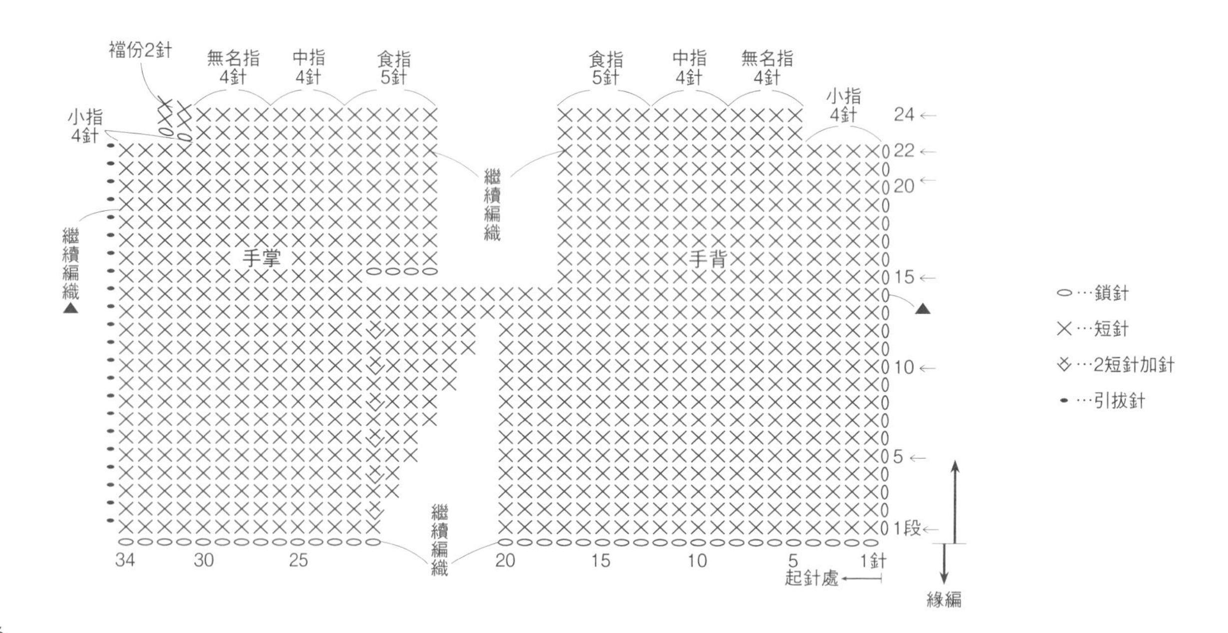

○…鎖針

×…短針

…2短針加針

•…引拔針

19

p.20《麋鹿花樣併指手套》

【材料】Hamanaka Fairlady 50：青磁色（86）50g・茶色（92）40g

【工具】3號棒針

【密度】34針36段＝10㎝四方形

【完成尺寸】手掌圍20㎝　長22㎝

- 以兩色線起60針（參照p.105），按編織圖以環編編織雙色圖案。
- 在手掌兩處加針，在大拇指開口的第32段休11針，再依據花樣編織的配色，以兩色線作11針捲加針。
- 從第61段開始作指套的減針。結束段作縮口收針束緊。
- 大拇指的織法，是在休針的11針以及捲加針的11針挑針，同時將兩側休針與捲加針間的渡線織成扭針2併針，共24針作花樣編織。結束段作縮口收針束緊。

以相反的方向編織對稱的左手，起針的箭羽，葉片和麋鹿花樣都要相對。

從大拇指根部延伸至手掌和指腹的花樣也是對稱的。

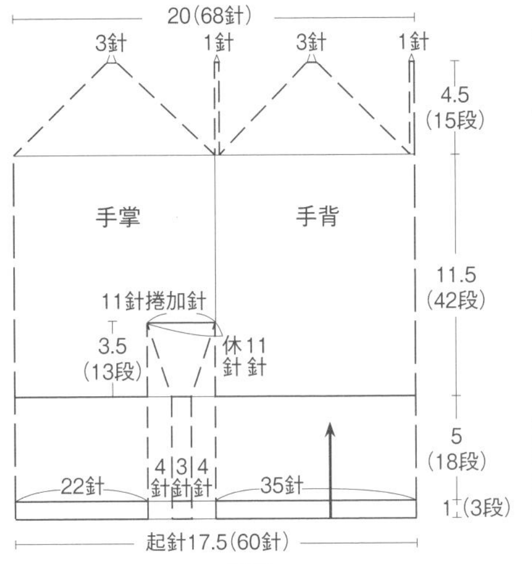

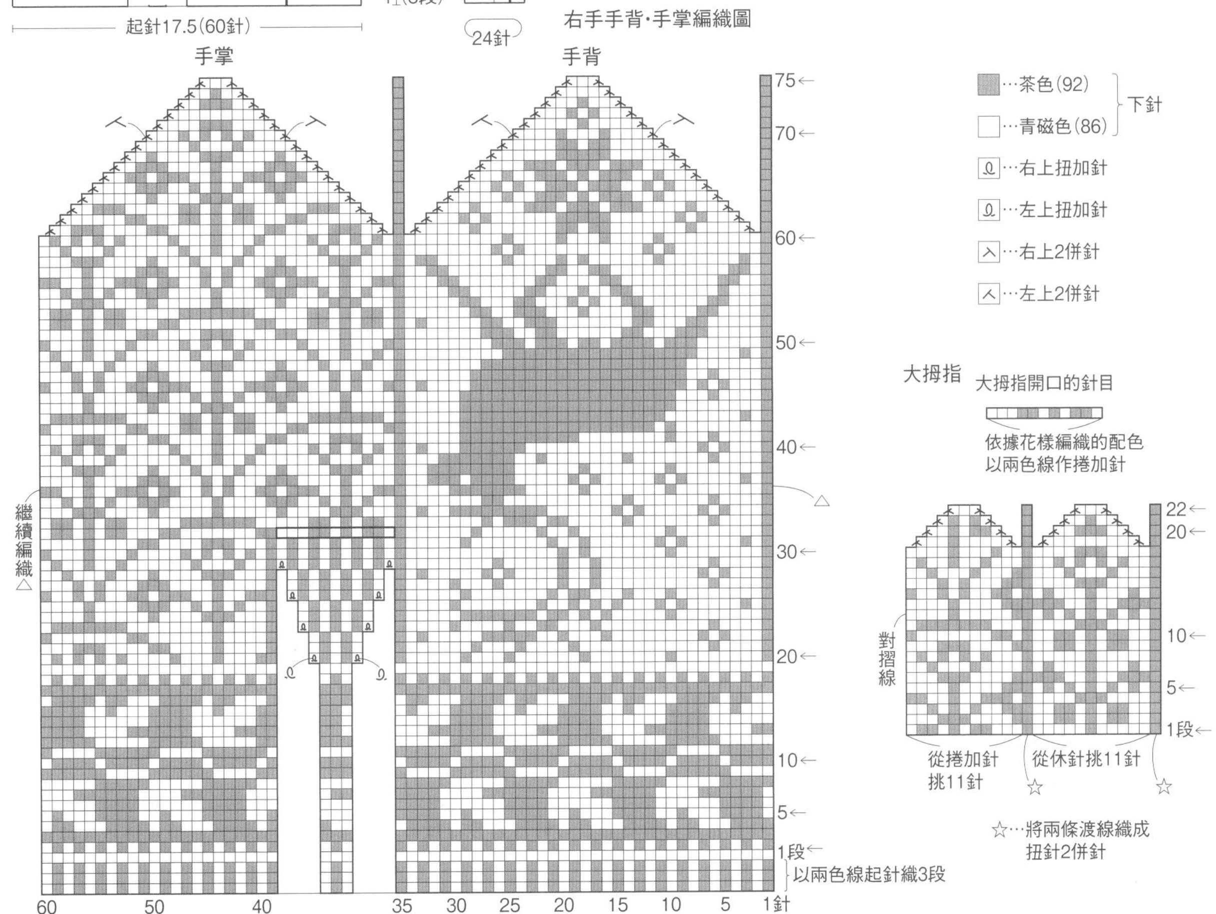

起針 兩色線起針→p.105

20

p.22《方格編的五指手套》

【材料】Hamanaka　純毛中細：原色（2）·淺褐色（3）各 35g
【工具】1號棒針
【密度】33針 40段＝ 10 ㎝四方形
【完成尺寸】手掌圍 19 ㎝　長 22 ㎝

基本方格編作法－1個織片為5針9段的平針編織時

●起針（或挑針）織5針（第1段），完成9段平針編織。最後一段先休針。接下來編織下一個織片。

●第一列。編織必要數量的織片，接著將織片翻面織第二列。一邊從第二列挑5針與第一列休針作2併針接合，一邊織9段。挑針要從邊端的第1針和第2針間入針（●印）。

●以編織第一列和第二列的要訣進行編織。

●由於從織片正面或背面挑針的情況都有，因此從背面挑針時，是看著織片背面，從後方的正面入針，像織上針一樣掛線編織。

這款手套的設計是從指尖開始編織（基本織片為5針9段的平針編織）

每一列都是織完就剪線，換色後接線進行環編。

《小指・大拇指・中指》（第一、三、五、七列為淺褐色，第二、四、六、八列為原色）

●**第一列**　織片①（以下省略織片兩字）：別線鎖針起針法起5針，編織10段。

②：從①的右側第1針和第2針間挑5針，編織9段。

③：解開①的別線，將5針套回棒針。一邊從②挑4針，一邊與①的針目一起織2併針，編織9段後剪線。

●**第二列**　④：從①的左側挑針，與③一起併織。由於③為4針休針，因此要在第3針的休針作2次2併針。

⑤：從③挑針，與②併織。

⑥：從②挑針，和①併織。

●依編織圖進行方格編。小指與大拇指織到第六列後休針，中指織到第八列時休針。

手指編織圖A

右手　小指・拇指・中指
六列　織八列後休針
（小指・拇指為⑯～⑱的a、b、c）

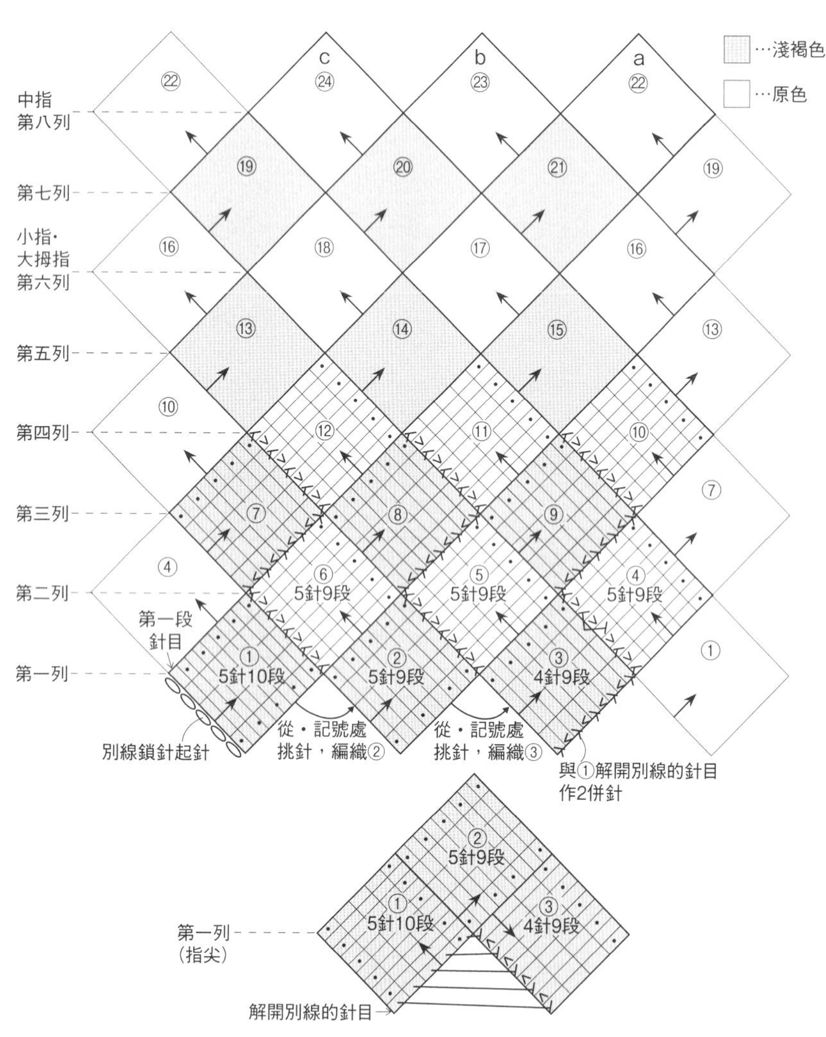

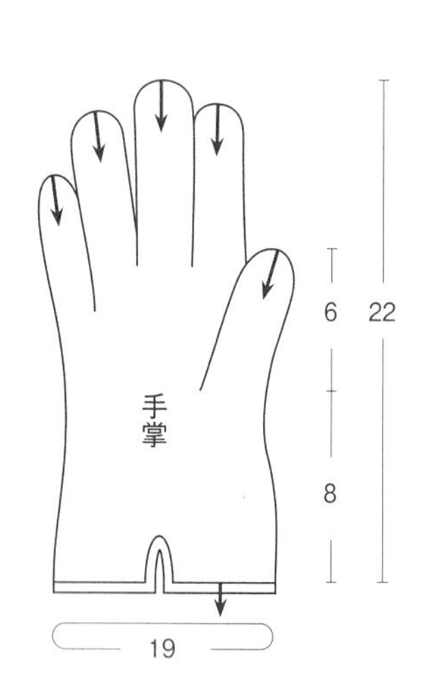

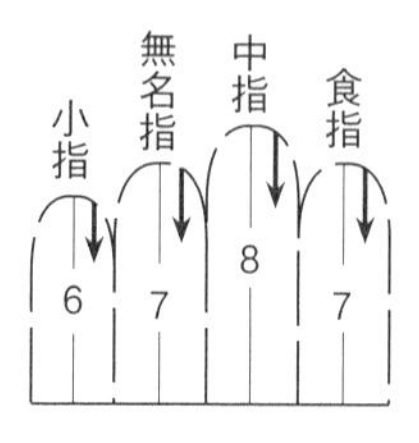

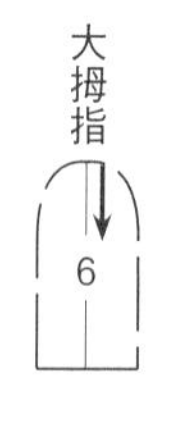

《食指・無名指》（第一、三、五、七列為原色，第二、四、六列為淺褐色）

- **第一列** ①：別線鎖針起針法起5針，編織9段。
  ②：從①的左側挑5針，編織9段。
  ③：解開①的別線，將5針套回棒針。一邊從②挑4針，一邊與①的針目一起織2併針，編織9段後剪線。
- 依編織圖進行方格編，織到第七列後休針。

左右手的編織方向要對稱編織。

《左手拇指的織法》

- 以對稱方式編織左手，因此織片方向也要對稱編織。
- 小指、大拇指和中指依手指編織圖B進行，食指和無名指依手指編織圖A編織必要列數，但配色與右手相同。
- 接著以對稱方向編織左手的手背與手掌。

手指編織圖B

右手　食指・無名指…編織七列後休針

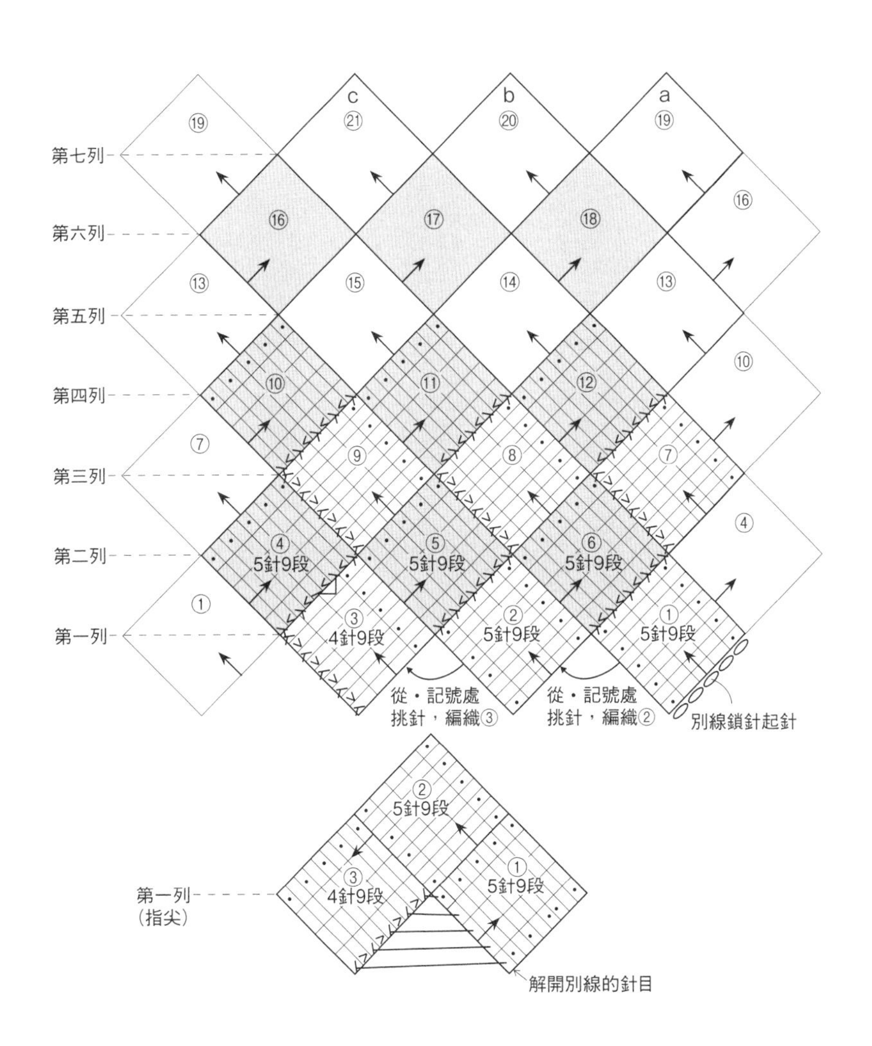

右手
中指與無名指的
襠份織法

20

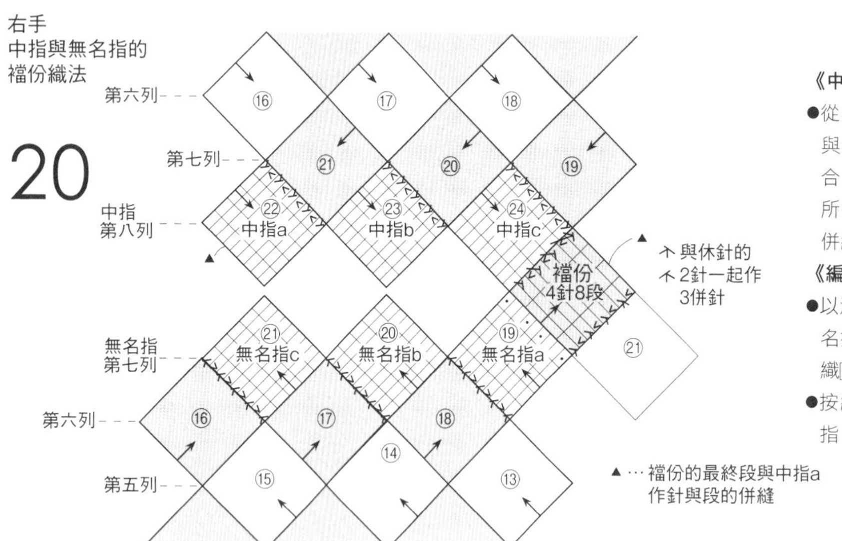

《中指與無名指的襠份織法》（淺褐色）

● 從無名指第七列的無名指a挑4針，右側與無名指c，左側與中指c一起作2併針接合（最後為3併針）編織8段。留下併縫所需的線長後剪線，與中指a作目與段的併縫。

《編織手背・手掌》織片1～

● 以淺褐色線編織，從無名指b挑針，與無名指a併織1。從中指c挑針，與中指b併織2。

● 按編織圖進行方格編，依序挑針編織食指、中指與無名指。

● 以環編進行方格編直到21（一列7個織片）。

《小指的併織》

● 從小指a挑針，與小指c併織完成22。

● 從小指挑針編織直到24。

● 編織到54為止（一列10個織片）。

右手(從指根開始)手背・手掌編織圖

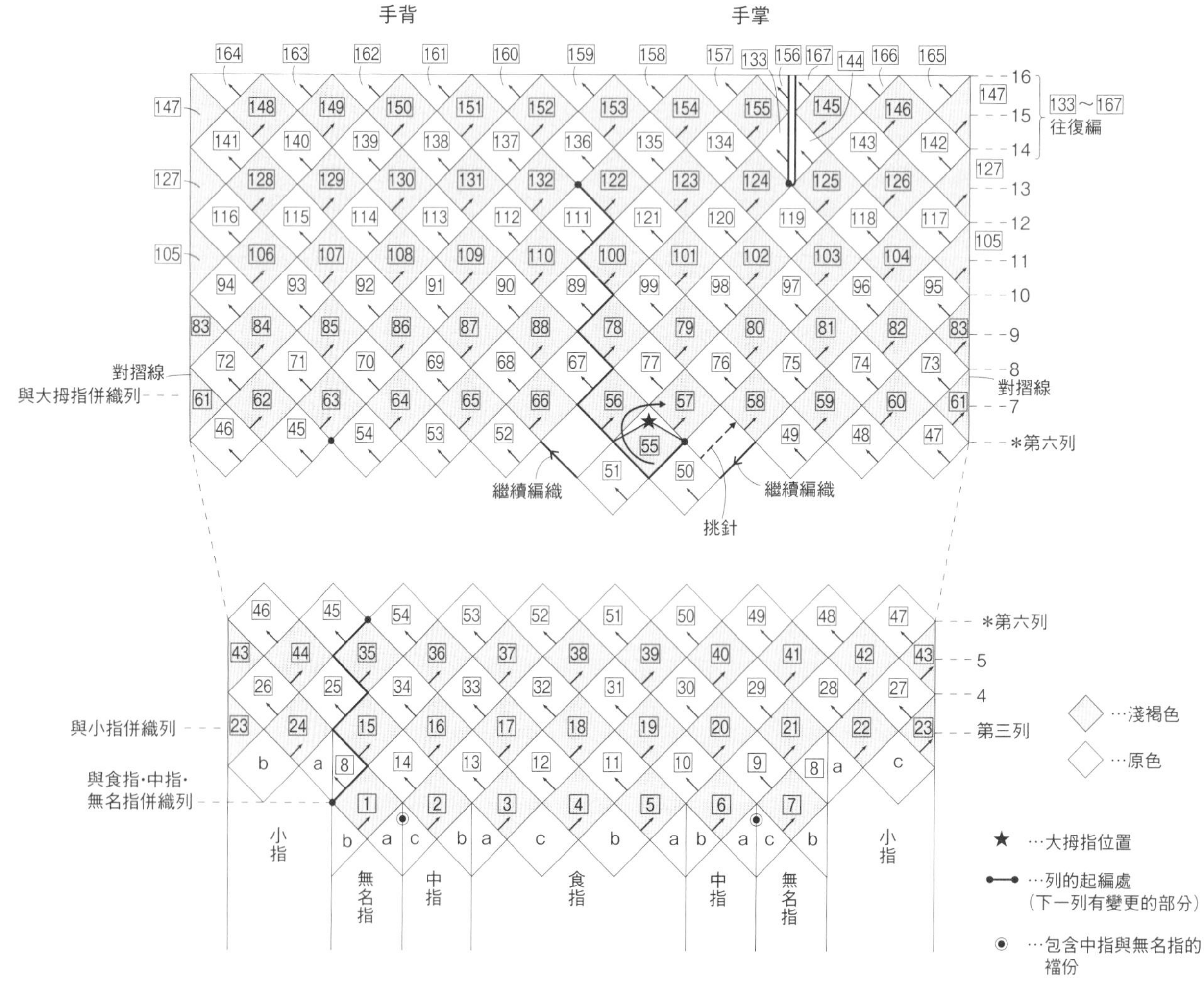

右手大拇指與手掌的接合

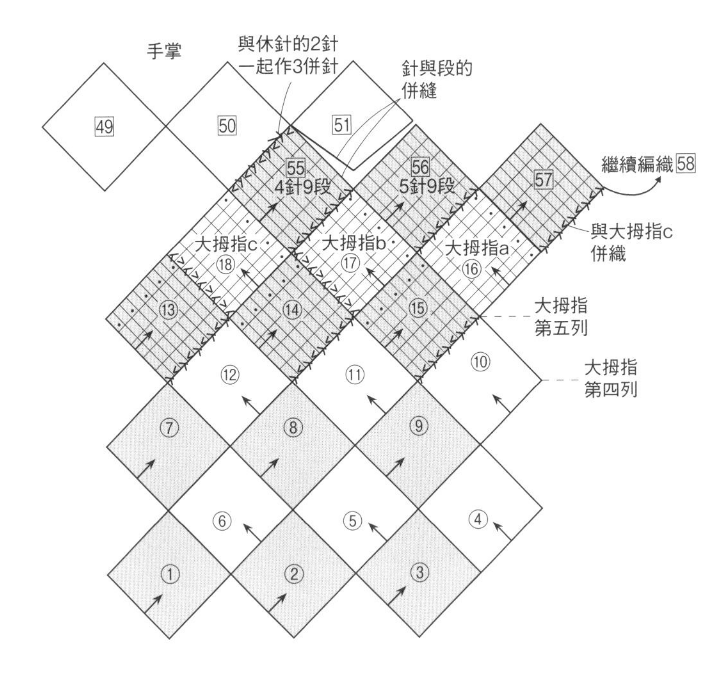

開口的編織圖

■…前織片最後一針視為下一織片的第一針

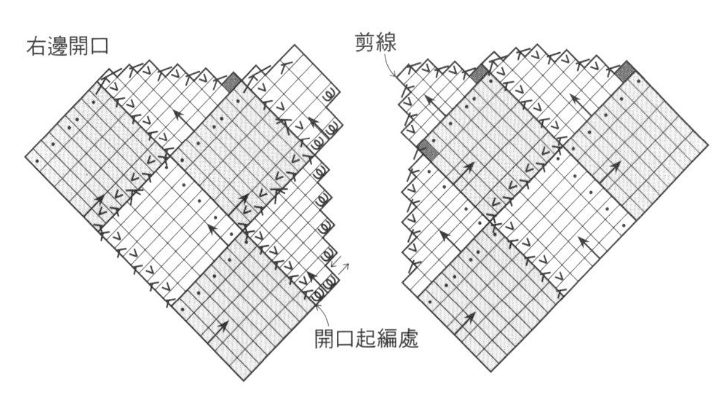

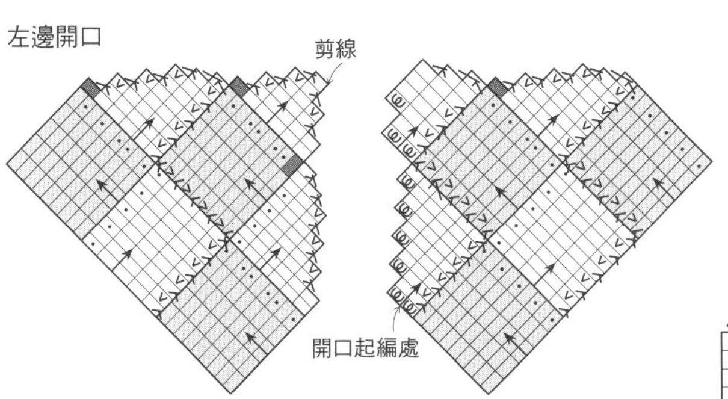

《大拇指的併織》

- 55：從大拇指c挑4針，右側與大拇指b，左側與手掌50併織，編織9段。
  56：從大拇指b挑針，與大拇指a併織。
  57：從大拇指a挑針，與大拇指c併織。
- 55的休針與51作針與段的併縫。
- 58：從57繼續編織，從手掌的50挑針，與 49併織。
- 到132為止，編織一列11個織片的環編。

《編織開口》

- 編織到132，下一列從開口的三角織片133開始編織。從這邊開始以往復編進行編織。
- 依織圖編織第十六列（最後一列）1/4三角形的156，最後1針視為下一個織片157的1針（圖■部分）。接下來挑5針，一邊將6針減針，一邊織9段完成三角形。

《編織緣編》

- 依編織圖挑針，在開口部分一邊加針一邊以環編織4段下針平針編織。
- 織完套收針就會自然捲起，顯現出上針平針編織。
- 編織大拇指和開口位置對稱的左手手套。

｜…下針
V…滑針
ω…捲加針
入…右上併2針
人…左上2併針
木…右上3併針
木…左上3併針
▷…前一列織片的1針作2回右上2併針
◁…前一列織片的1針作2回左上2併針
・…挑針位置(從針目背面挑針)
…右加針
…左加針
• …下針的套收針

緣編（淺褐色）
挑針數

平針編織
0.5
43針
8針
13
(正面)
1針
對摺線
對摺線

開口的加針

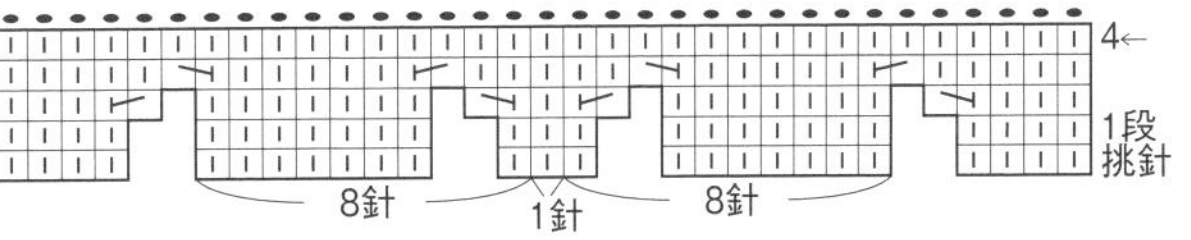

21

p.23《扭針編織的五指手套》

【材料】PUPPY NEW4 PLY 粉褐色（412）75g

【工具】1號棒針・麻花針

【密度】平針編織 36 針 44 段＝ 10 ㎝四方形

【完成尺寸】手掌圍 18 ㎝　長 24 ㎝

●直接以棒針作2針鬆緊針的起針共64針，以環編進行23段手套口的花樣編織。

●接下來編織手背與手掌。第1段，手背按編織圖花樣加10針掛針，手掌作1針減針。第2段，將第1段的掛針織扭上針。

●從第2段開始編織大拇指襠份。第29段在大拇指開口的位置休17針，再織7針捲加針。

●織48段後，開始編織小指。從手背挑11針再作捲加針2針，手掌也挑9針，在第3段減一針，以21針進行編織。結束段作縮口收針束緊。

●在小指以外的59針，以及加上織小指時作的捲加針2針上挑針，編織5段。接著依序編織無名指、中指與食指。

●大拇指的織法，是在休針的17針以及捲加針的7針挑針（共24針）。第2段，織一針左上扭針2併針，以23針編織。

●編織對稱的左手，但左右手花樣的交叉方向都是相同的（依右手花樣編織）。

●大拇指下方的手背花樣，以及大拇指的編織放大圖在p.85。

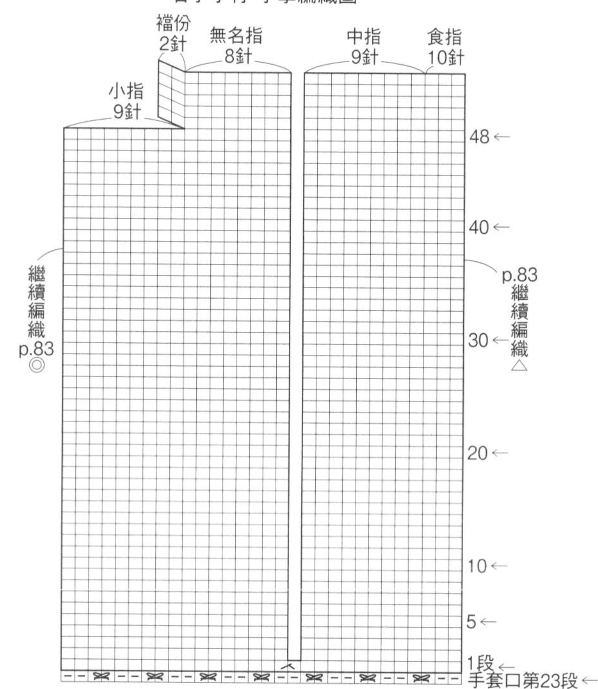

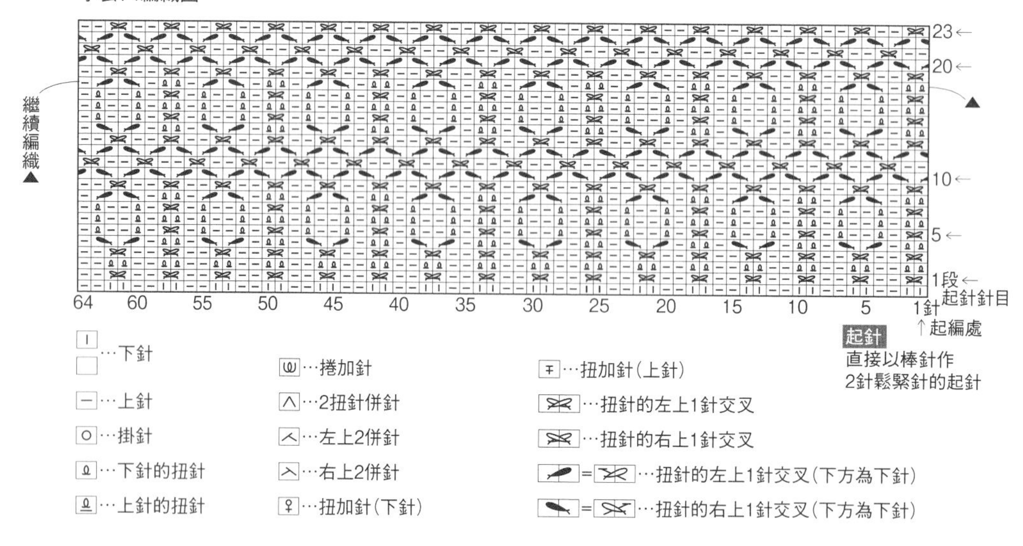

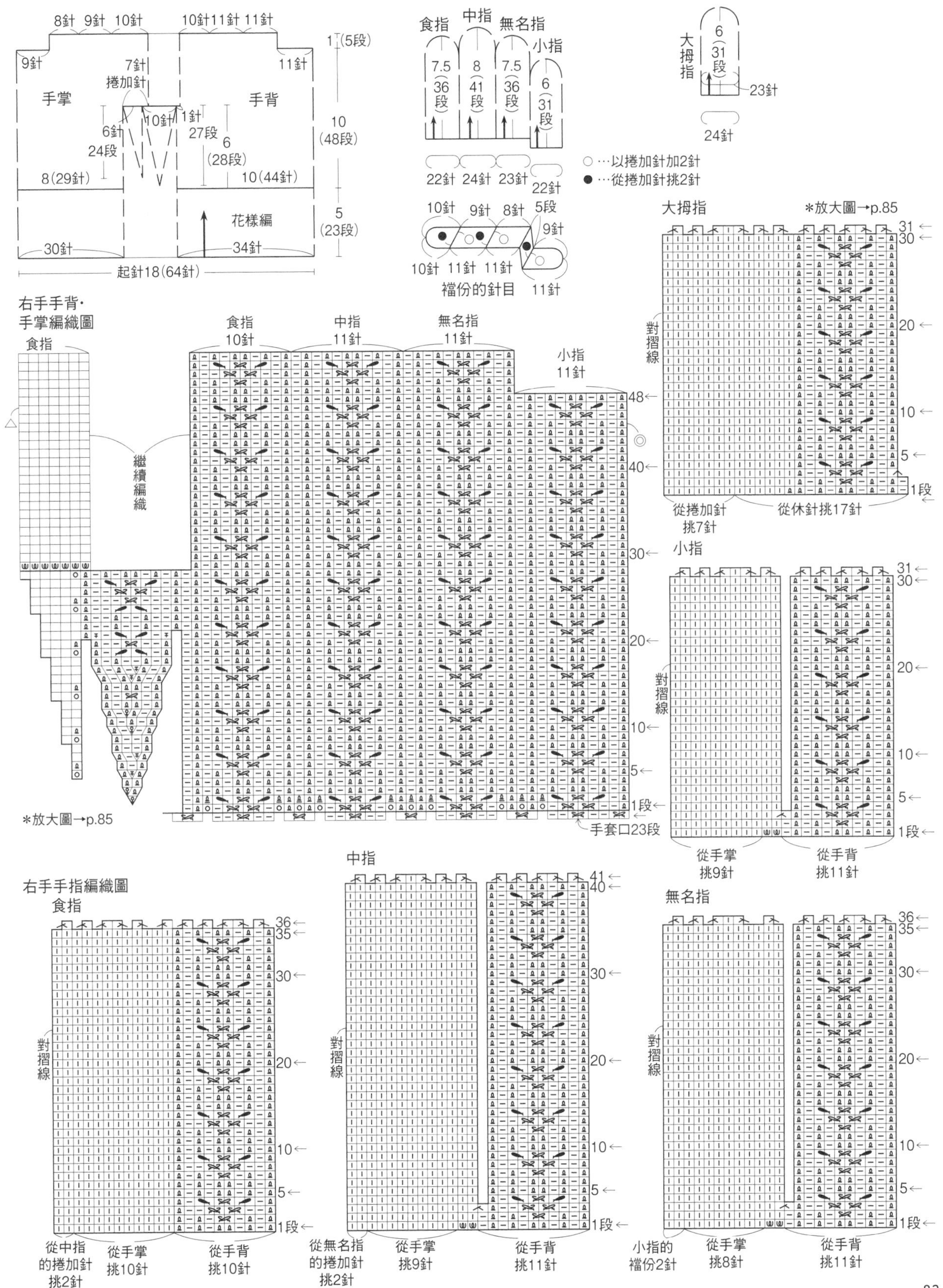

8針 9針 10針
10針11針 11針
1(5段)
9針
11針
7針
捲加針
手掌
手背
6針
10針
1針
27段
24段
6
(28段)
10
(48段)
8(29針)
10(44針)
花樣編
5
(23段)
30針
34針
起針18(64針)
食指
中指
無名指
小指
7.5
36段
8
41段
7.5
36段
6
31段
22針 24針 23針 22針
○…以捲加針加2針
●…從捲加針挑2針
10針 9針 8針 5段
9針
10針 11針 11針
11針
襠份的針目
大拇指
6
31段
23針
24針
右手手背·
手掌編織圖
食指
10針
中指
11針
無名指
11針
小指
11針
繼續編織
48
40
30
20
10
5
1段
手套口23段
*放大圖→p.85
大拇指
*放大圖→p.85
31
30
20
10
5
1段
對摺線
從捲加針挑7針
從休針挑17針
小指
31
30
20
10
5
1段
對摺線
從手掌挑9針
從手背挑11針
右手手指編織圖
食指
36
35
30
20
10
5
1段
對摺線
從中指的捲加針挑2針
從手掌挑10針
從手背挑10針
中指
41
40
30
20
10
5
1段
對摺線
從無名指的捲加針挑2針
從手掌挑9針
從手背挑11針
無名指
36
35
30
20
10
5
1段
對摺線
小指的襠份2針
從手掌挑8針
從手背挑11針

22

p.24《鏤空花樣的露指手套》

【材料】ROWAN Felted Tweed水藍色（173）30g

【工具】2號·3號棒針

【密度】26針40段＝10㎝四方形

【完成尺寸】手掌圍18㎝ 長16.5㎝

●在2號棒針上以手指起針法起42針，翻回正面織第1段的下針。再以環編織16段手套口。

●換3號棒針編織手背和手掌側。按編織圖在手掌兩處織掛針加針，第27段在大拇指開口的位置休11針，再織7針捲加針。

●織到51段時，換2號棒針在6處減針，編織3段，織上針套收。

●大拇指的織法，是在休針的11針以及捲加針的7針挑針，同時將兩側休針與捲加針間的渡線織成扭針2併針，共20針進行編織。

●編織對稱的左手（左手請織左手手套口的花樣）。

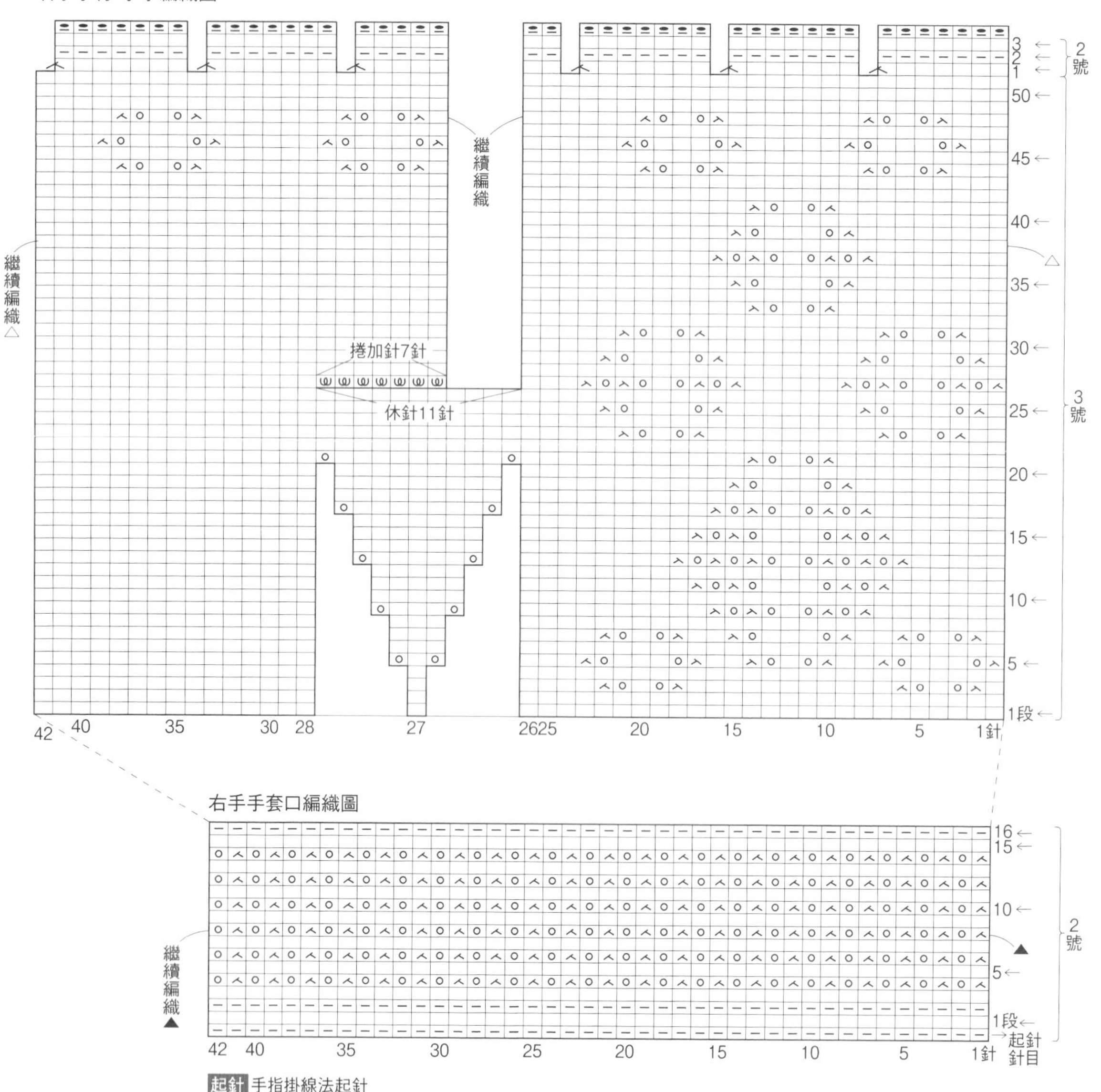

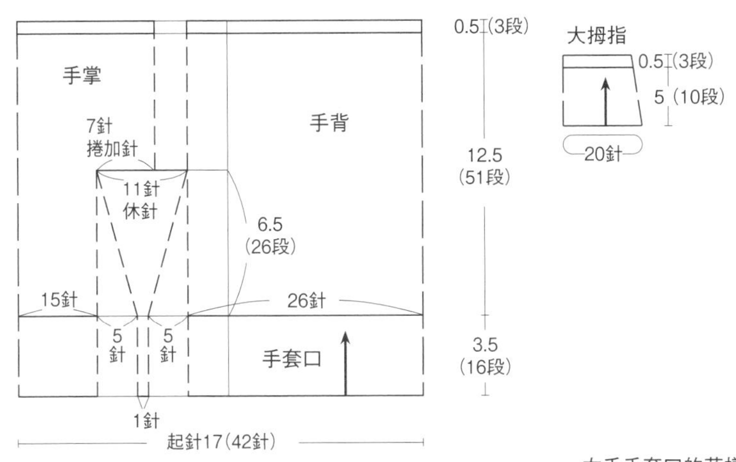

右手大拇指編織圖

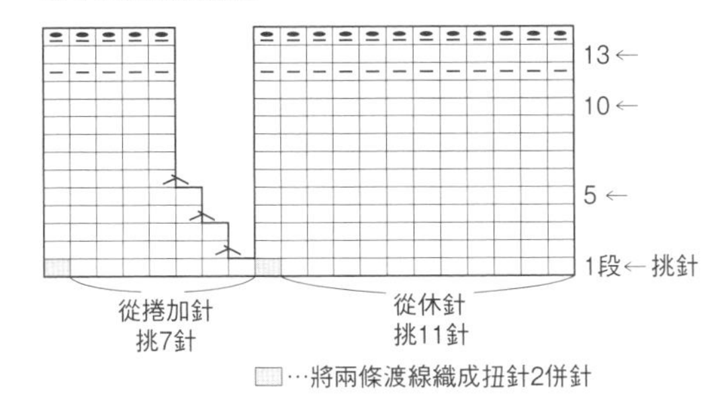

左手手套口的花樣

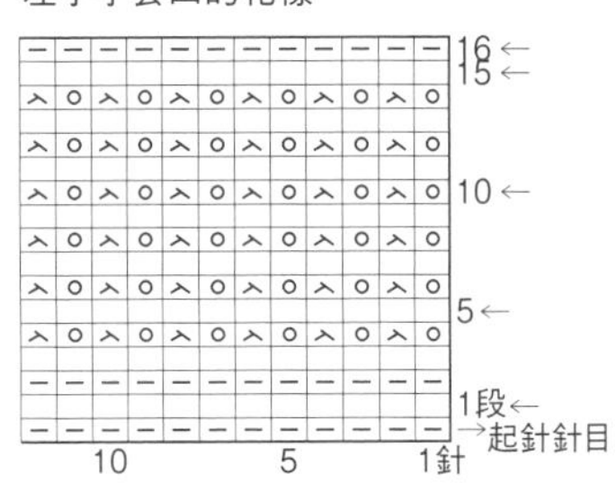

□…下針
－…上針
○…掛針
入…右上2併針
人…左上2併針
ϱ…捲加針
▬…上針的套收針

延續P.83織圖

大拇指編織放大圖

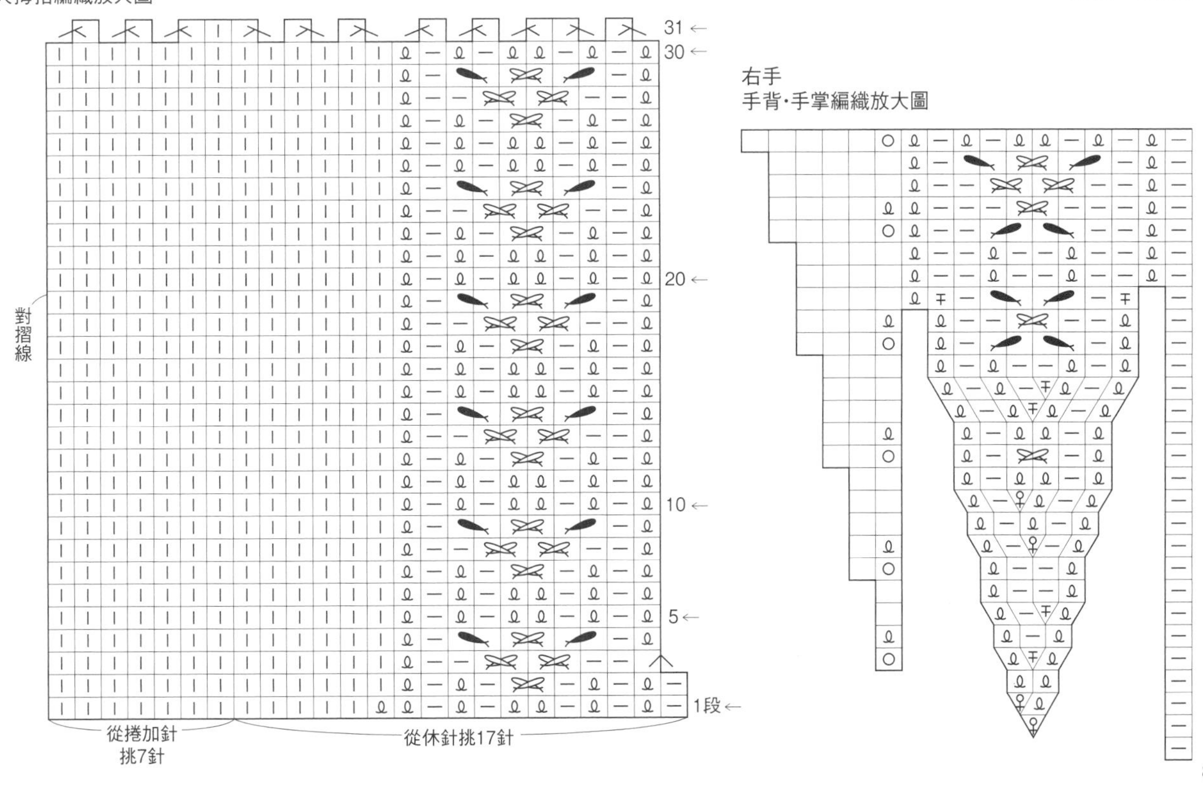

23

P.25《結合麻花・鏤空與費爾島花樣的露指手套》

【材料】Rich More　Cashmere 100：胭脂色（43）30g・淺褐色（8）3g
【工具】1號・2號棒針・麻花針
【密度】平針編織 32 針 52 段＝ 10 ㎝四方形
【完成尺寸】手掌圍 18 ㎝　長 19.5 ㎝

●在1號棒針上作別線鎖針起針法起68針，以環編織7段。解開別線，將針目移到別根棒針，反摺，與第7段內側織2併針重疊（手套口第一段）。

●手套口第2段，以編織花樣的掛針加針，以76針編織手套口。

●在手套口第31段減針，換2號棒針編織花樣。

●換回1號棒針編織手背和手掌。第1段織扭加針加11針，第2段以編織花樣的掛針加6針，針數加總成71針。在手掌兩處加針，在大拇指開口的第23段休25針，再織8針捲加針。捲加針部分依編織圖作減針。

●織到54段，開始編織指套的緣編（－1針）。編織9段，最終段的針目反摺與緣編第1段對齊，注意別在正面露出針腳，完成接縫（袋縫p.103）。

●大拇指的織法，是在休針的25針以及捲加針的8針挑針，同時將兩側休針與捲加針間的渡線織成扭針2併針（休針在上）。指套頂端與手掌部分相同，將緣編內摺。

●編織對稱的左手。▱的交叉為右上3針交叉。

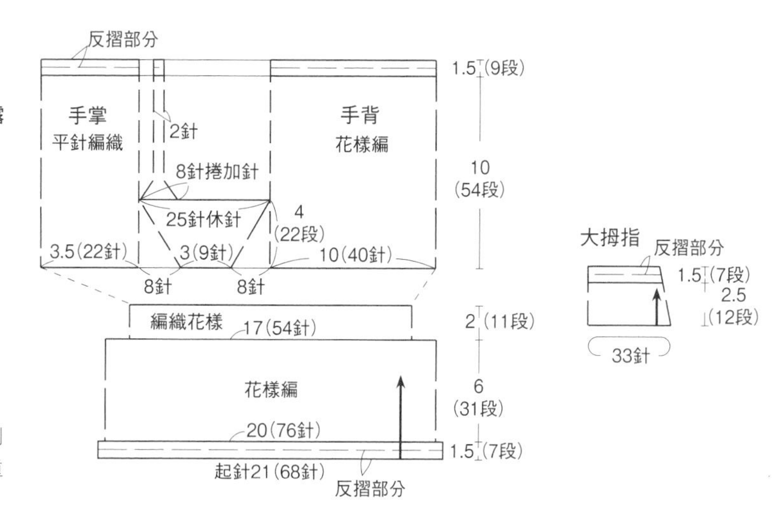

大拇指　反摺部分
1.5（7段）
2.5
（12段）
33針

□ |…下針
—…上針
O…掛針
…右上扭加針
…左上扭加針
…捲加針
…右上2併針
…左上2併針
…中上3併針
…右上3併針
…左上3併針

…右上1針交叉（下方2針）
…左上1針交叉（下方2針）
…右手為 …左上3針交叉
…左手為 …右上3針交叉

大拇指編織圖

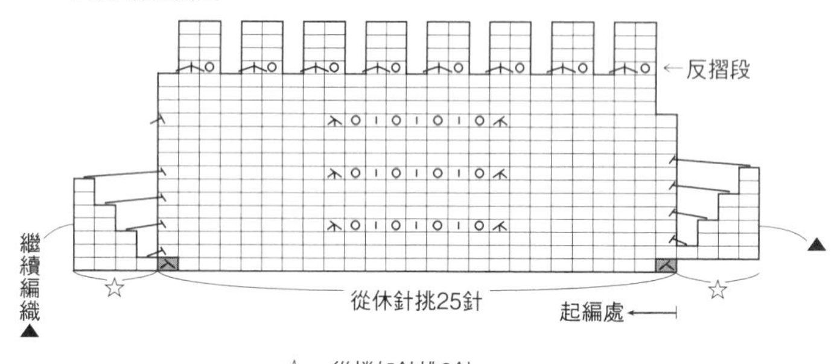

☆…從捲加針挑8針
▨…將捲加針左右兩條渡線織成扭針2併針

右手手背·手掌編織圖

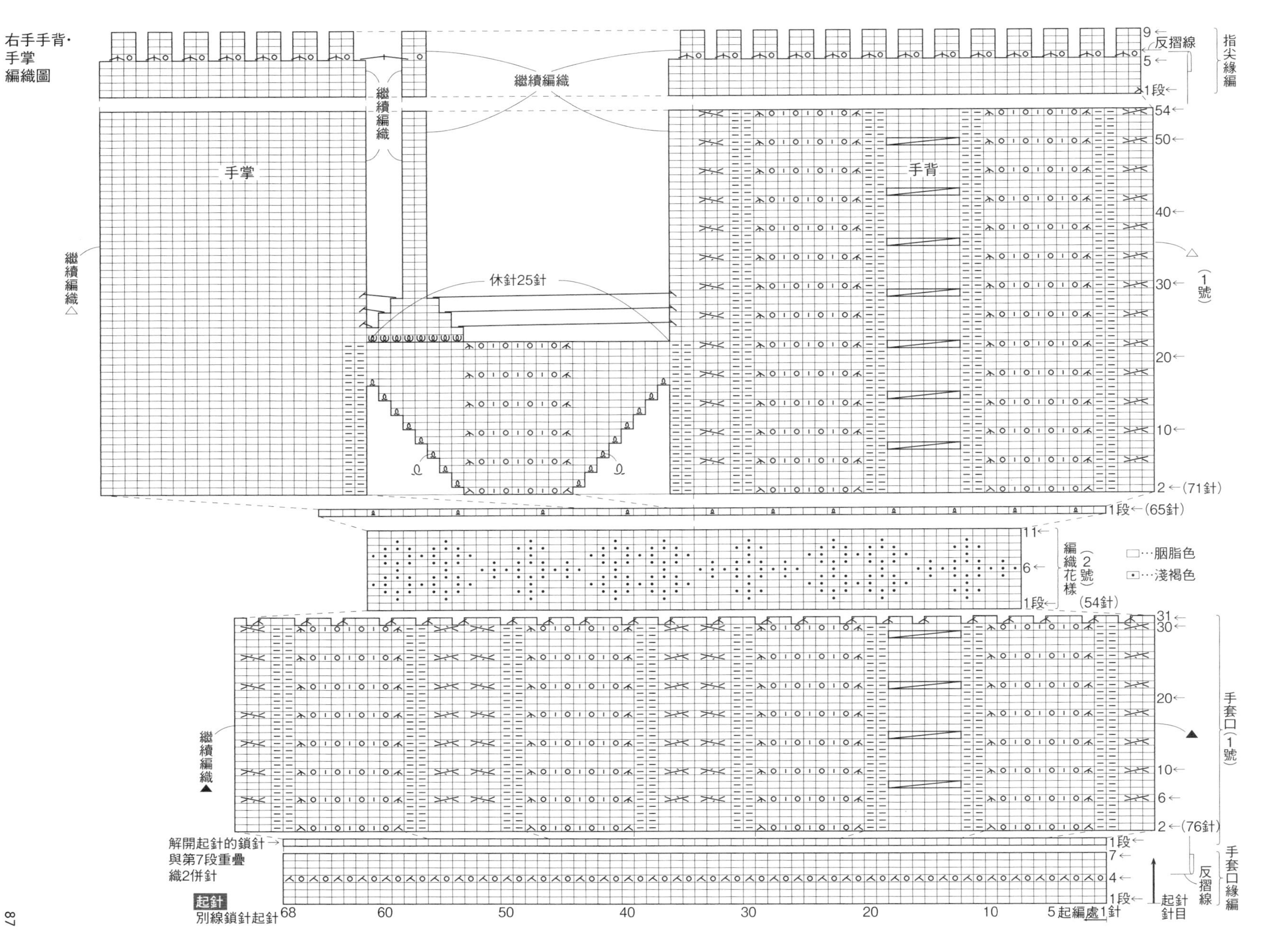

指尖緣編
反摺線
9
5
1段
繼續編織
手掌
手背
54
50
40
30
20
10
2 (71針)
(1號)
休針25針
繼續編織△
1段 (65針)
11
6
1段
編織花樣 (2號) (54針)
□…胭脂色
⊡…淺褐色
31
30
20
10
6
2 (76針)
手套口 (1號)
繼續編織▲
解開起針的鎖針與第7段重疊織2併針
1段
7
4
1段
手套口緣編
反摺線
起針針目
起針
別線鎖針起針
68
60
50
40
30
20
10
5 起編處 1針

24

p.26《費爾花樣的秋色手套》

【材料】雪特蘭島製的費爾圖案用毛線（2ply Jumper Weight · 中細）：炭茶色（FC58）8g · 土黃色（FC44）10g · 磚紅色（122）12g · 混和橘（FC38）10g · 混和淺橘（1284）8g · 混和淺褐（FC64）6g · 霜降淺綠（FC62）6g · 混和藍（FC52）6g

【工具】2號 · 3號棒針

【密度】編織花樣 34 針 36 段 = 10 ㎝四方形

【完成尺寸】手掌圍 20 ㎝　長 23.5 ㎝

●在2號棒針上以費爾島圖案起針法起60針，進行環編。第1段織下針，第2段開始以兩色線織21段2針鬆緊針。

●換3號棒針編織手背和手掌的費爾花紋。按編織圖在手掌兩處加針，第19段在大拇指開口的位置休11針，再依據花樣編織的配色，以兩色線作11針捲加針。

●織到37段時，換2號棒針編織小指（D色）。從手背挑9針再作捲加針1針，手掌挑8針，共18針作平針編織（在第2段減2針）。結束段作縮口收針束緊。

●依序編織無名指（C色），中指（B色），食指（A色）。

●大拇指的織法，是在C色休針的11針以及捲加針的11針挑針，同時將兩側休針與捲加針間的渡線織成扭針2併針，共24針作平針編織（在第2段減3針）。

●編織對稱的左手。

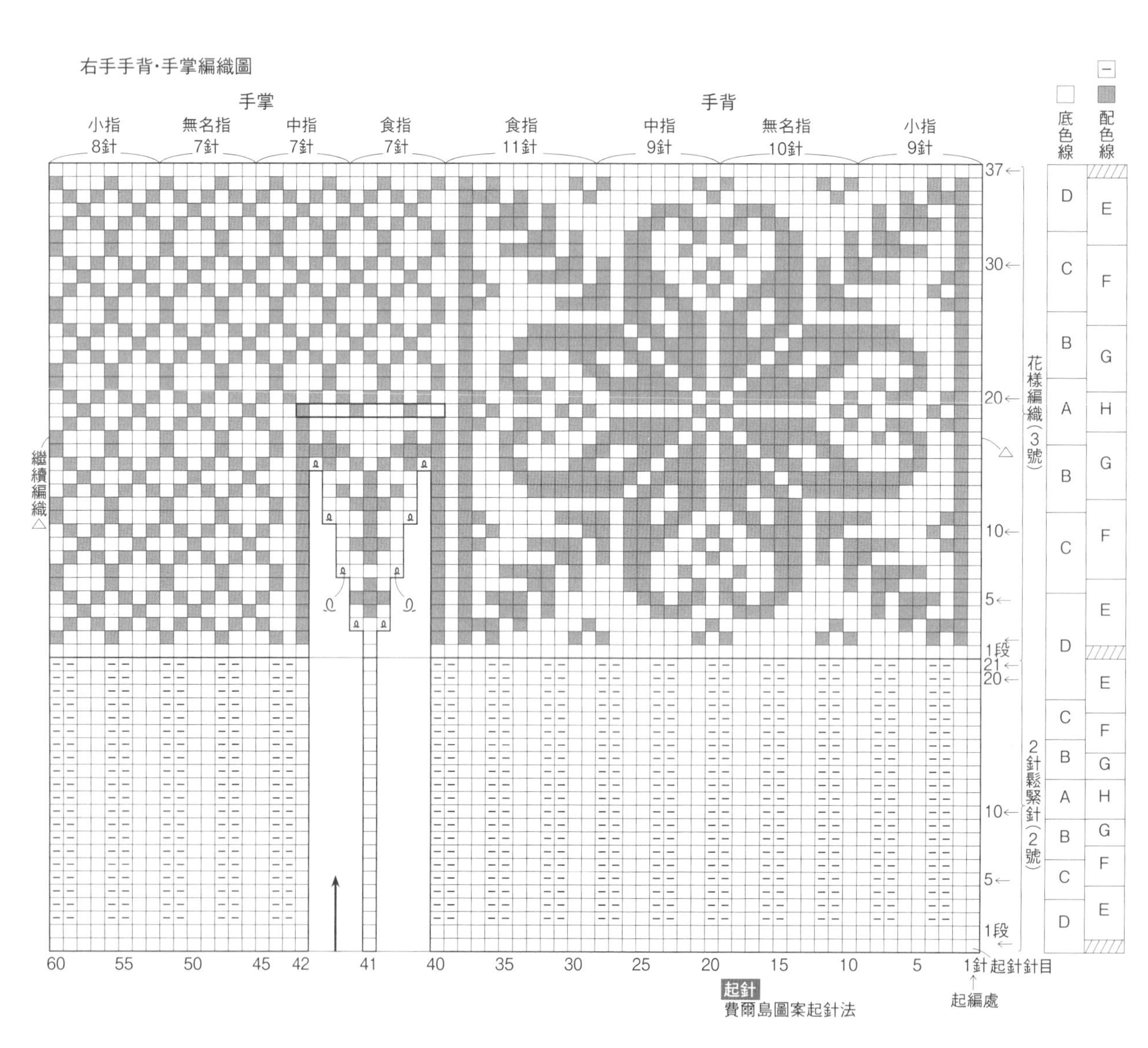

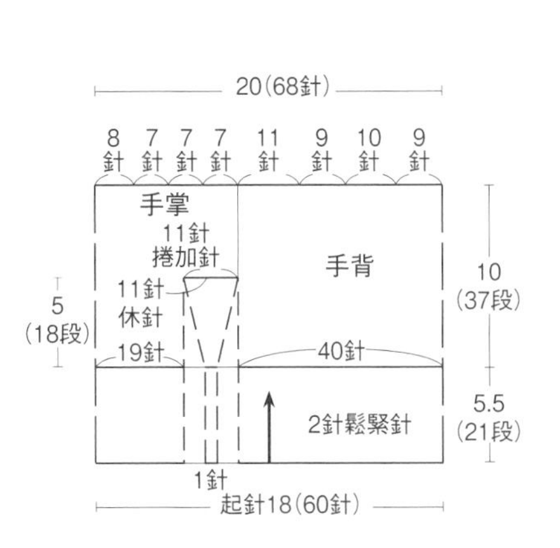

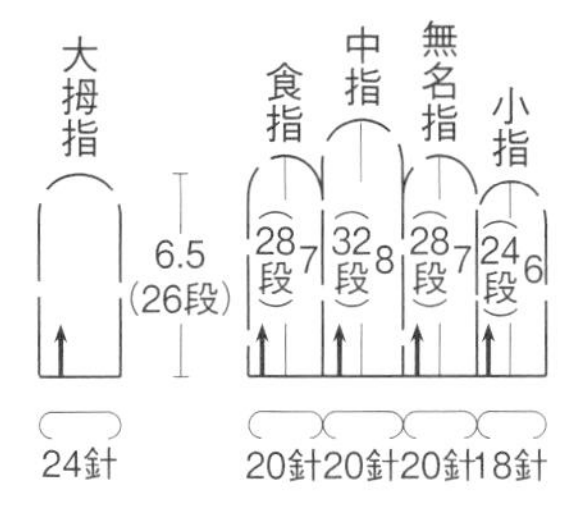

各記號顏色

記號	顏色
A	炭茶色(FC58)
B	土黃色(FC44)
C	磚紅色(122)
D	混合橘(FC38)
E	混合淺橘(1284)
F	混和淺褐(FC64)
G	霜降淺綠(FC62)
H	混和藍(FC52)

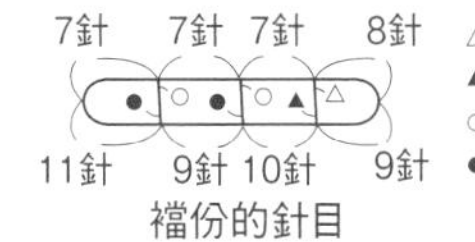

襠份的針目

大拇指開口的針目

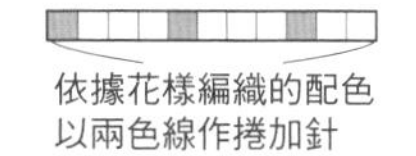
依據花樣編織的配色
以兩色線作捲加針

右手手指編織圖

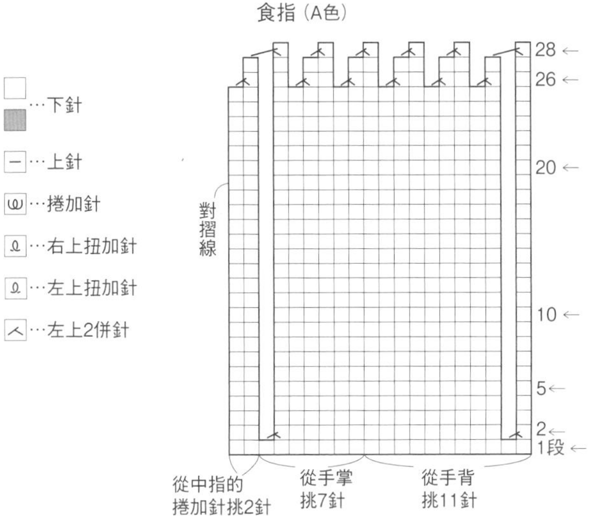

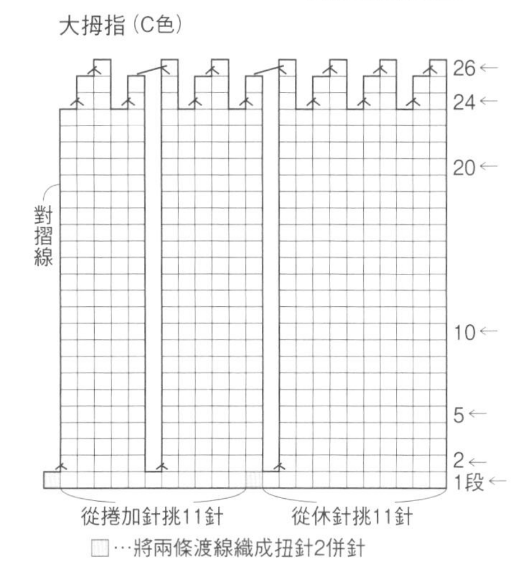

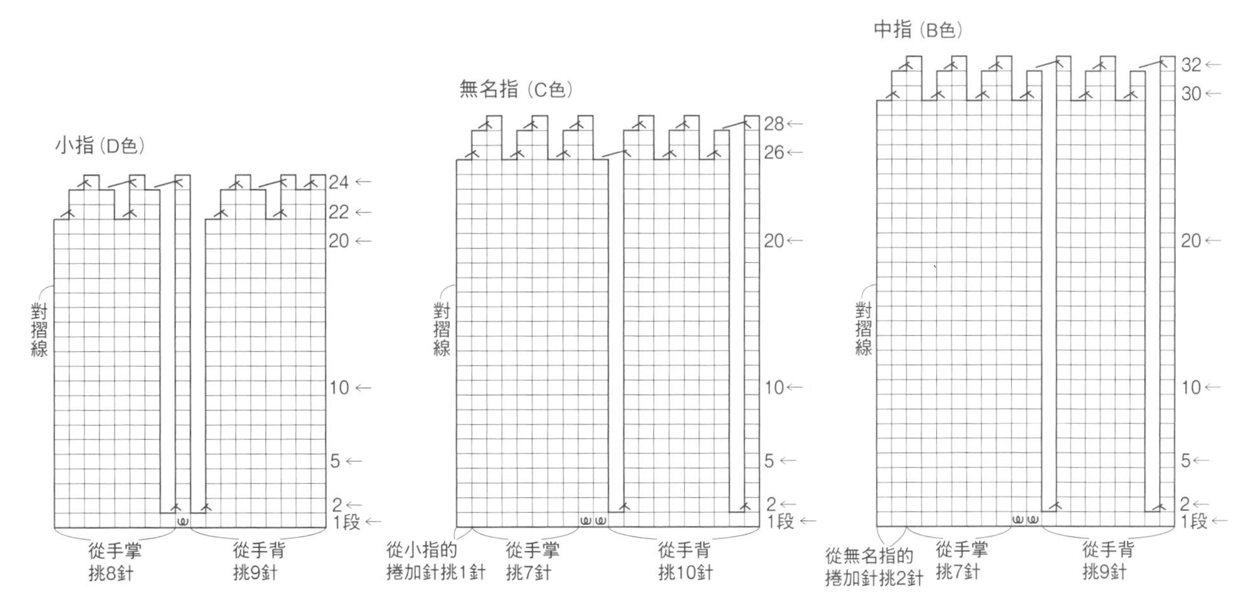

25

p.27《費爾花樣的嬰兒併指手套》

【材料】雪特蘭島製的費爾圖案用毛線（2ply Jumper Weight・中細）：白色（1）15g・淺褐色（202）5g・玫瑰紅（43）5g，黃綠色（FC24）・鵝黃色（66）・藍紫色（FC37）・水藍色（14）・混和粉紅（1283），霜降紅（72）各少許

【工具】3號・2號棒針

【密度】編織花樣 33針40段＝10cm四方形

【完成尺寸】手掌圍 12cm　長 12cm

●在3號棒針上作別線鎖針起針法起40針，以環編進行手背和手掌側的費爾花紋。

●在第11段的大拇指位置休7針，再依據花樣編織的配色以兩色線作7針捲加針。

●從第30段開始作指套的減針。結束段針目作平針併縫。

●換2號棒針編織大拇指，在休針的7針以及捲加針的7針挑針，同時將兩側休針與捲加針間的渡線織成扭針2併針，共16針作平針編織。結束段作縮口收針束緊。

●解開別線鎖針起針的針目，以2號棒針織12段1針鬆緊針，最後織套收針（下針作下針的套收，上針作上針的套收）。

●編織對稱的左手。

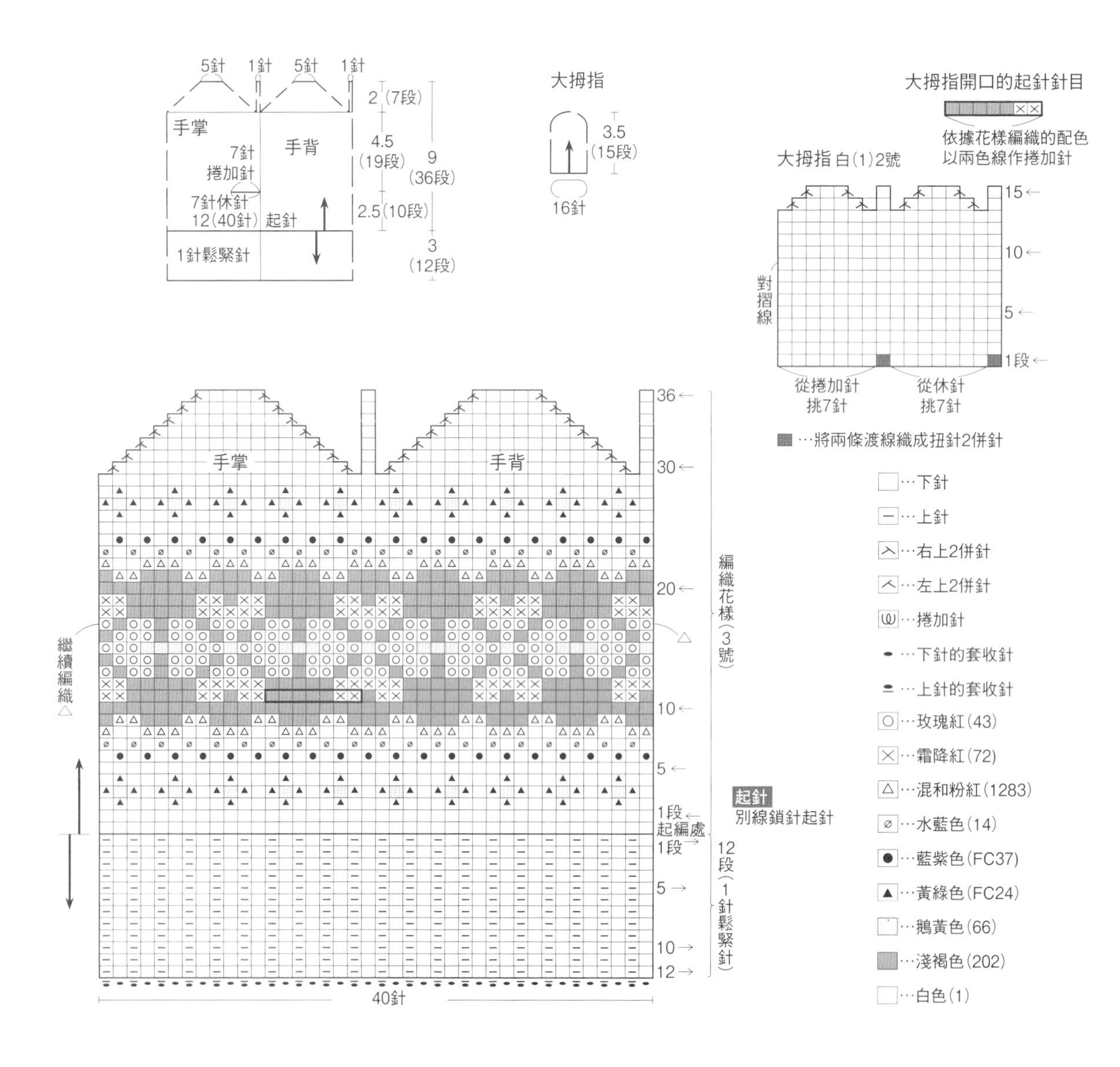

26

p.27《費爾花樣的兒童手套》

【材料】雪特蘭島製的費爾圖案用毛線（2ply Jumper Weight・中細）：靛色（36）10g・混合線（29）5g・藍色（142）5g・黃色（23）3g・淺灰色（203）3g，玫瑰紅（43）・水藍（14）・白色（1）・土耳其藍（FC34）各少許

【工具】3號・2號棒針

【密度】編織花樣33針40段＝10cm四方形

【完成尺寸】手掌圍14.5cm　長14.5cm

●在3號棒針上作別線鎖針起針法起48針，以環編進行手背和手掌的費爾花紋。

●在第12段的大拇指位置休8針，再依據花樣編織的配色以兩色線作8針捲加針。

●織到23段時，換2號棒針編織小指。從手背挑6針再作捲加針1針，手掌也挑6針，共13針作平針編織。結束段作縮口收針束緊。

●依序編織無名指、中指、食指。

●大拇指的織法，是在休針的8針以及捲加針的8針挑針，同時將兩側休針與捲加針間的渡線織成扭針2併針，共18針作平針編織。

●解開別線鎖針起針的針目，以2號棒針織14段2針鬆緊針（第一段以平均減針完成40針）。下針作下針的套收針，上針作上針套收針。

●以相反的方向編織對稱的左手。

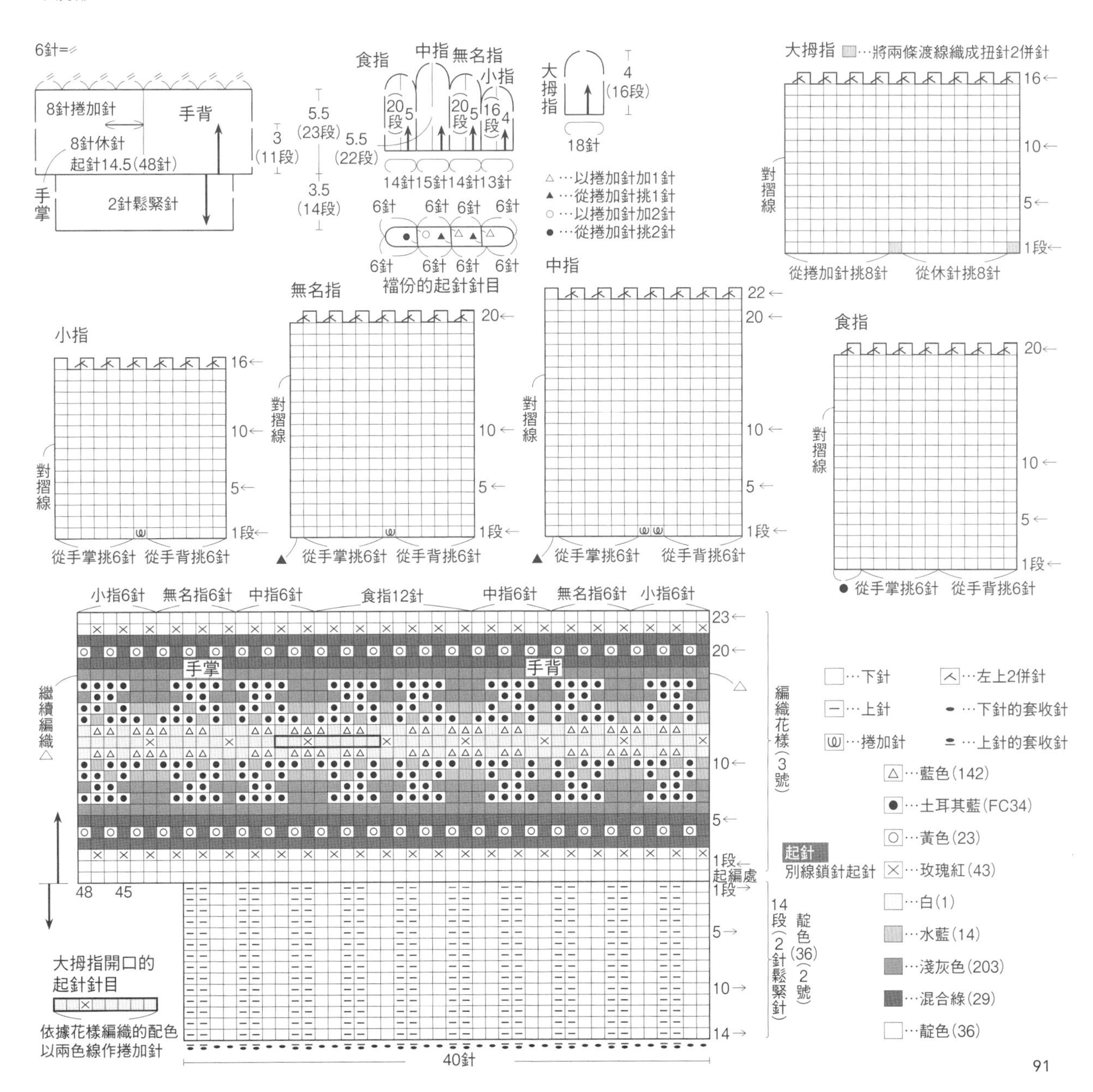

27

p.28《北歐風·挪威併指手套》

【材料】雪特蘭島製的費爾圖案用毛線（2ply Lace Weight·合細）：黑（77）25g·白（1）40g
【工具】0號棒針
【密度】52針55段＝10㎝四方形
【完成尺寸】手掌圍20㎝　長25.5㎝

●使用白色（1）線以手指起針法起96針，以環編進行手套口。第5段改以黑色線（77），按編織圖以雙色編織花樣圖案。

●第25段開始以兩色編織花樣。第39段依編織圖位置減1針後織到收針（95針）。在本段的最後一針（☆）要回到左棒針，和手背第1段的第1針織成左上2併針（變成94針）。如果沒有織到☆針目，男孩子的腳尖就會缺一角，請務必要記得這麼作。

●接著編織手背與手掌。按編織圖在手掌兩處加針至第20段，在大拇指開口的位置休17針，再依據花樣編織的配色，以兩色線作17針捲加針。

●從第78段開始作指套的減針。結束段作縮口收針束緊。

●大拇指的織法，是在休針的17針以及捲加針的17針挑針，同時將兩側休針與捲加針間的渡線織成扭針2併針，共36針作花樣編織（在第2段減2針）。結束段作縮口收針束緊。

●以相反的方向編織對稱的左手。但手套口的男女花樣位置也要交換；手背中心改為女孩，交替編織男孩與女孩，大拇指的男孩也要換成女孩花樣（參考編織圖）。

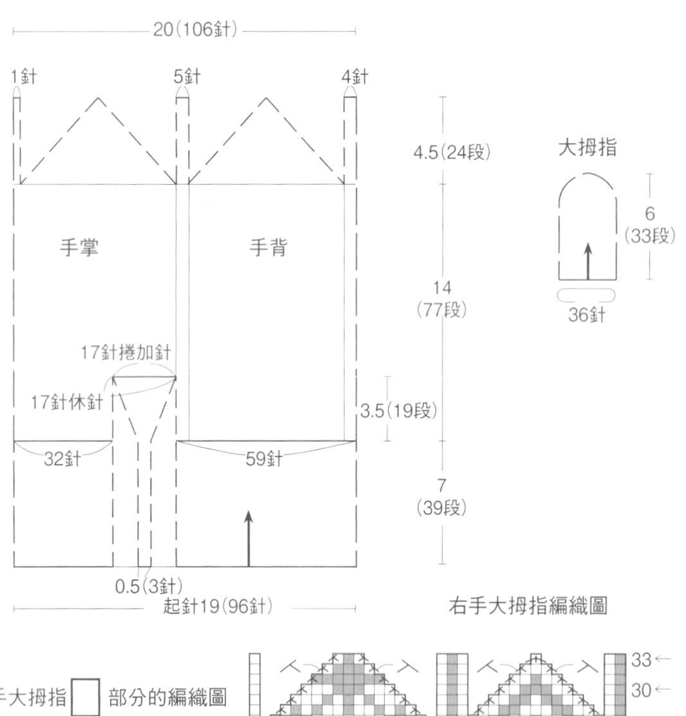

－…上針
○…掛針
…右上扭加針
…左上扭加針
…捲加針
…中上3併針
…右上2併針
…左上2併針

手套口放大編織圖(部分)

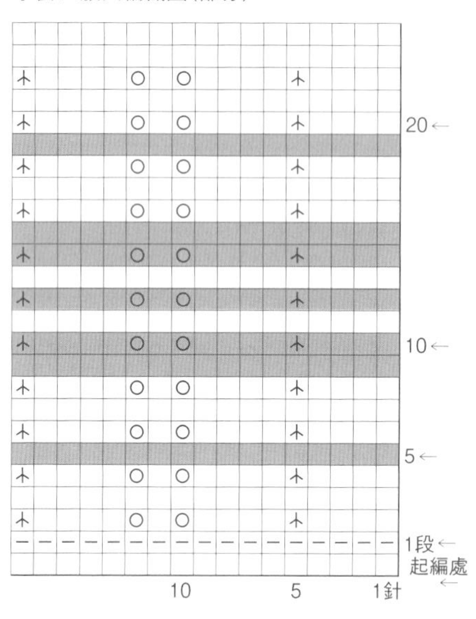

右手大拇指編織圖

左手大拇指□部分的編織圖

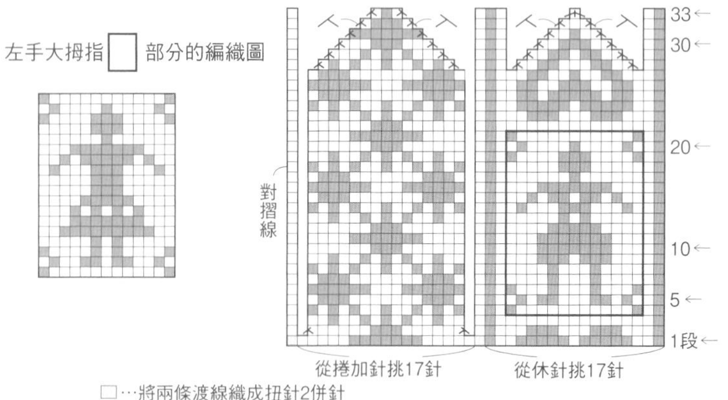

□…將兩條渡線織成扭針2併針

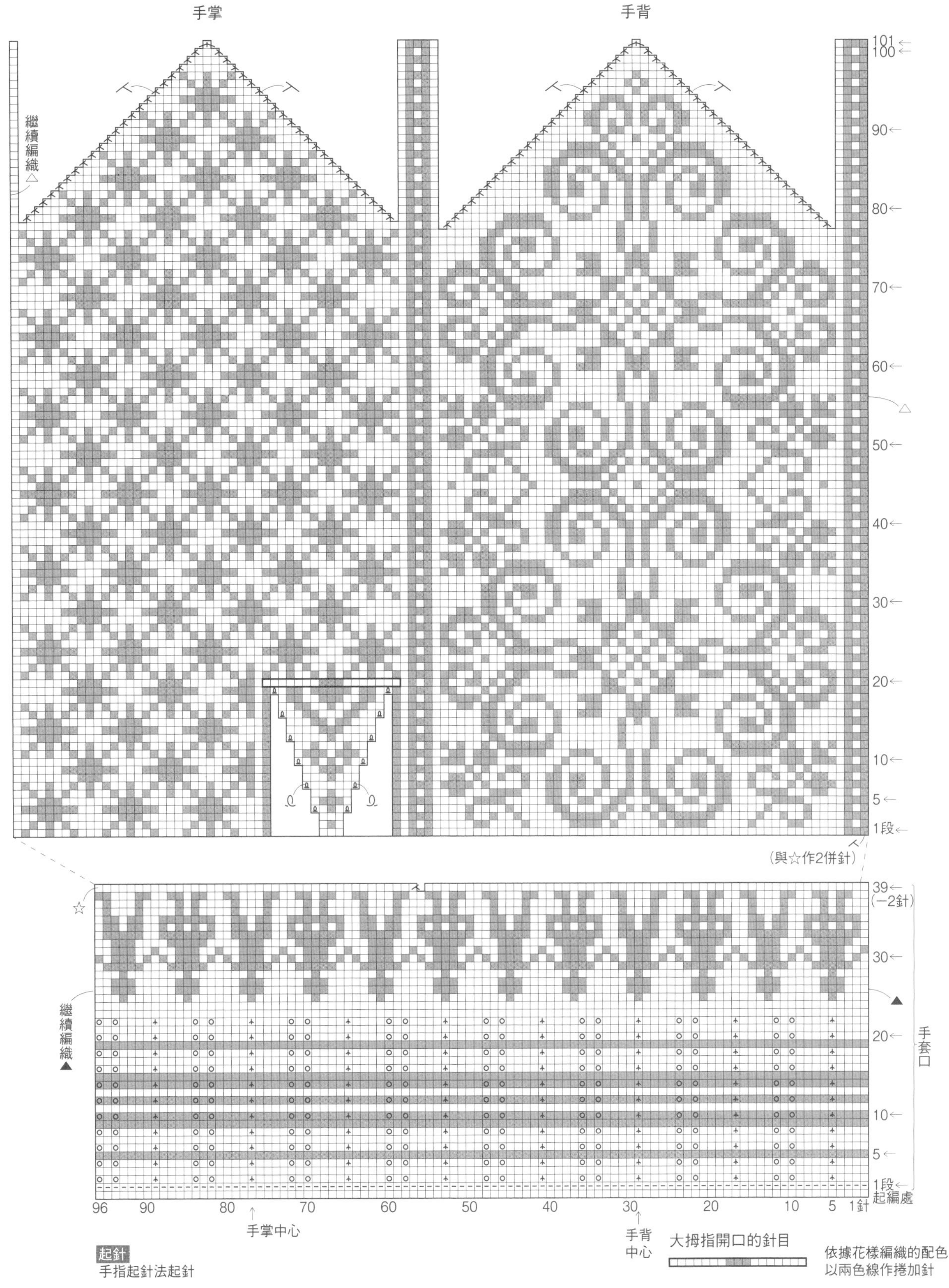

手掌
手背
繼續編織△
101←
100←
90←
80←
70←
60←
△
50←
40←
30←
20←
10←
5←
1段←
(與☆作2併針)
☆
39←
(−2針)
30←
▲
繼續編織▲
20←
手套口
10←
5←
1段←
起編處
96
90
80
70
60
50
40
30
20
10
5
1針
手掌中心
手背中心
大拇指開口的針目
依據花樣編織的配色以兩色線作捲加針

起針
手指起針法起針

28

p.30《雪特蘭島・蕾絲風的露指手套》

【材料】Createbell　Mislim黑色(7709) 65g

【工具】1號・2號・3號棒針

【密度】花樣編A：1號棒針43針57段，2號棒針37針43段，3號棒針33針41段＝10㎝四方形

【完成尺寸】手掌圍16㎝　手套口22㎝　長44㎝

●以2號棒針編織緣編A。別線鎖針起針法起15針，織緣編A花樣16個（96段）。解開別線後與收針針目進行起伏針併縫。

●換成3號棒針從緣編A挑針。從緣編A的第1針與第2針之間（●印） 隔2段挑一針。但要按花樣編A第1段一邊掛針一邊挑針（挑48針＋掛12針＝60針）的方式進行。完成的這段就是花樣編A的第1段。

●按照編織圖以環編進行花樣編A。但要注意第57～60針會和第1～5針組成1個花樣，因此在編織時要往上偏移一段。

●一邊按編織圖指定更換棒針（3號・2號・1號）一邊進行到150段，第151段在大拇指位置織入別線（右手第31～40針的10針，左手為第21～30針的10針）。將這10針別線針目移至左棒針織下針，再繼續編織花樣A。

●花樣編A織到第165段，第166段按圖作減針（減至36針）。並暫時休針。

●以2號棒針編織緣編B。別線鎖針起針法起7針，解開別線後與收針針目進行起伏針併縫。奇數段第1針與花樣編A的休針一起織左上2併針（緣邊針目在上）。以1個花樣6段與花樣編A併接3針，總共織12個花樣（72段）。最後解開別線穿入棒針，與收針針目進行起伏針併縫。

●編織大拇指。一邊解開別線一邊將針目移至棒針上（上方11針，下方10針，下方兩端渡線作扭針2針，上方兩端針目也作扭針）。按編織圖織15段，第16段一邊織上針一邊套收。

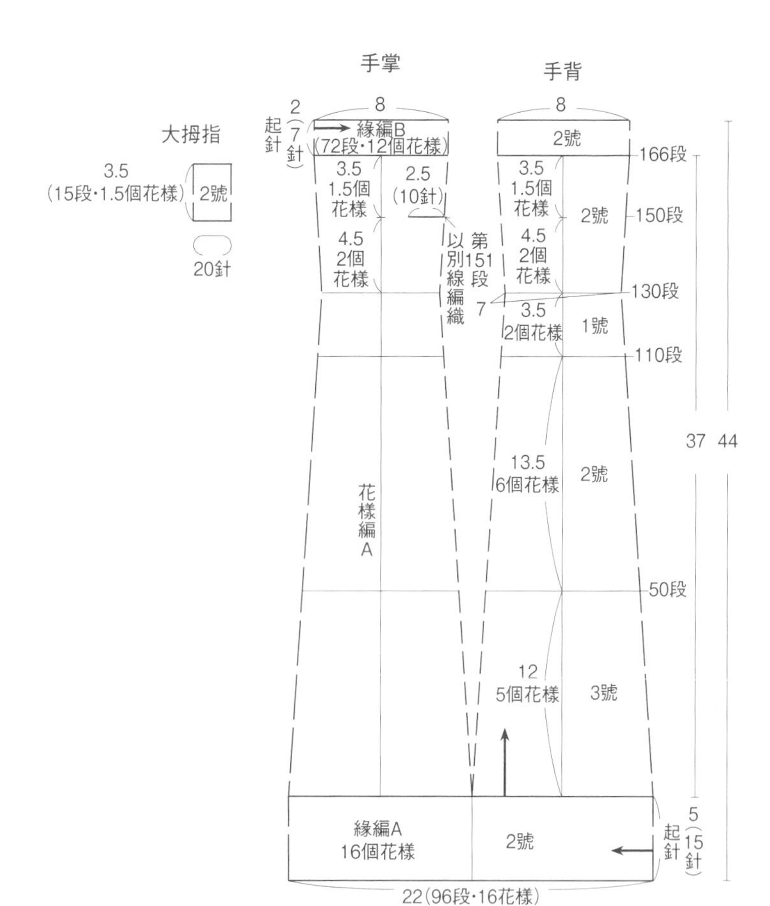

緣編編織圖(2號)

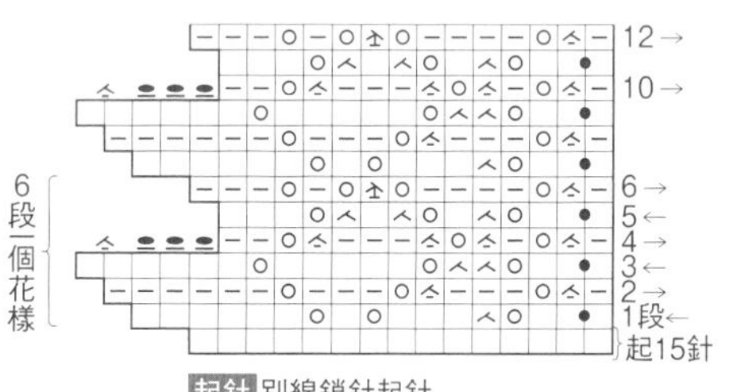

＊第6段的⻌
由於是偶數段，因此背面織的⼂(中上3併針)從正面看就會成為⻌。

| …下針
□
— …上針
○ …掛針
入 …右上2併針
人 …左上2併針
入(上針) …右上2併針(上針)
人(上針) …左上2併針(上針)
木 …中上3併針
木 …右上3併針
木(上針) …右上3併針(上針)
ℚ …扭針
● …上針的套收針

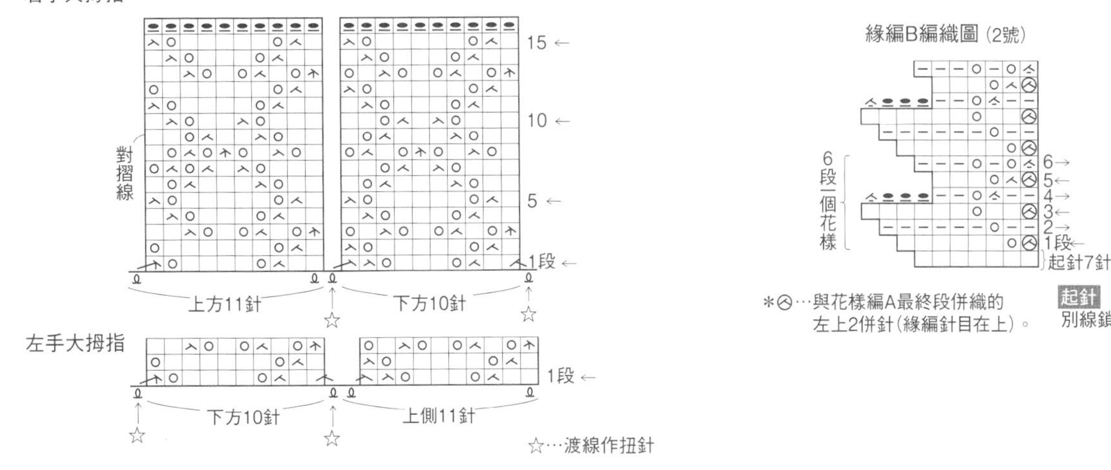
右手大拇指
對摺線
15 ←
10 ←
5 ←
1段 ←
上方11針
下方10針
左手大拇指
1段 ←
下方10針
上側11針
☆…渡線作扭針
緣編B編織圖（2號）
6段一個花樣
6→
5←
4→
3←
2→
1段←
起針7針
*⊘…與花樣編A最終段併織的
左上2併針（緣編針目在上）。
起針
別線鎖針起針

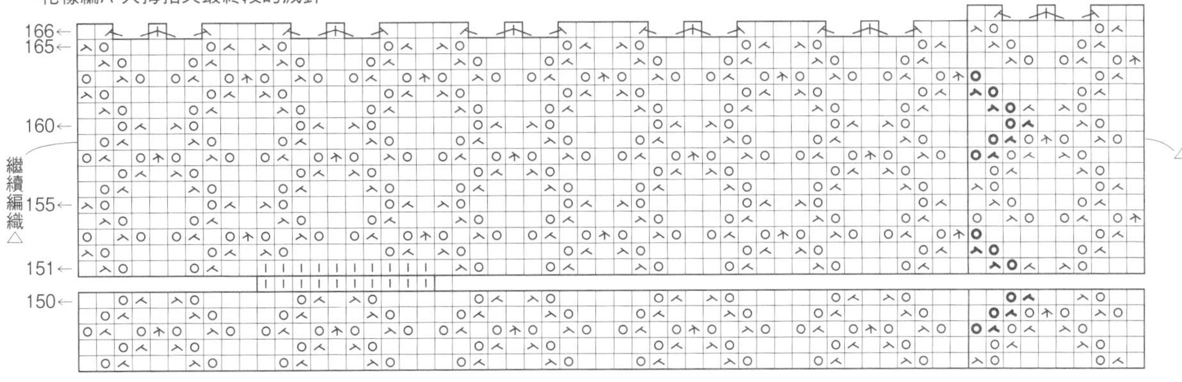
花樣編A·大拇指與最終段的減針
166←
165←
160←
繼續編織△
155←
151←
150←
…大拇指位置以別線編織

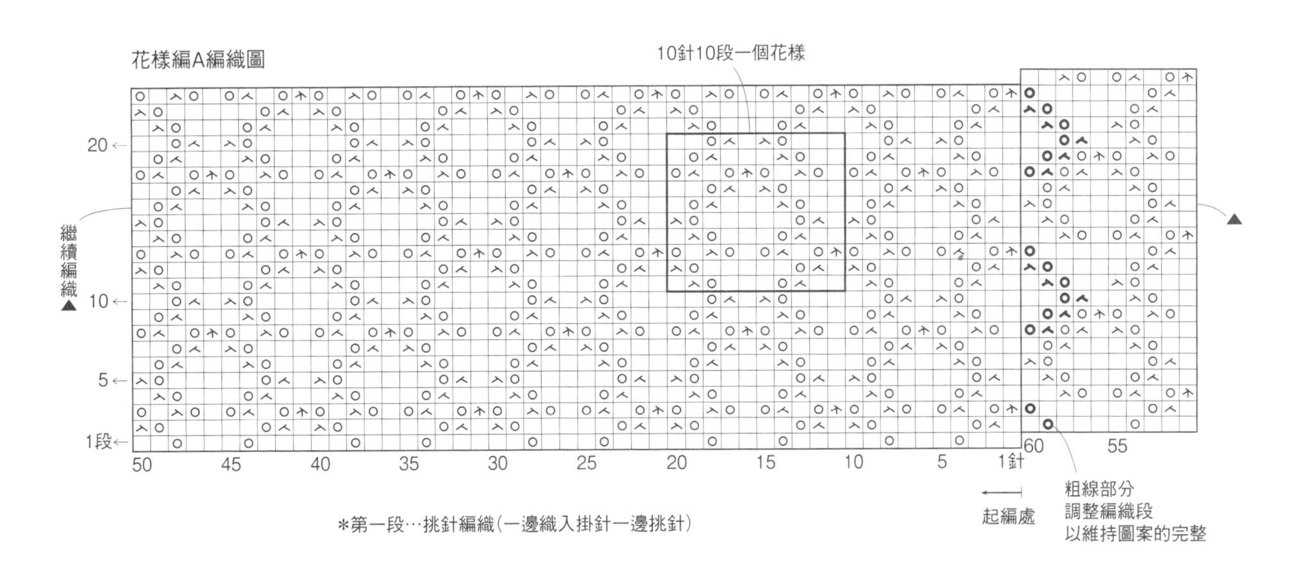
花樣編A編織圖
10針10段一個花樣
20 ←
繼續編織▲
10 ←
5 ←
1段←
50
45
40
35
30
25
20
15
10
5
1針
60
55
起編處
粗線部分
調整編織段
以維持圖案的完整
*第一段…挑針編織（一邊織入掛針一邊挑針）

29

p.32《方格編併指手套》

【材料】HOBBYRA-HOBBYRE
Roving Kiss 紫色系（29）70g
【工具】5號棒針
【密度】18針27段＝10㎝四方形
【完成尺寸】手掌圍18㎝　長18㎝

●方格編的織法請參考p.78《基本方格編》。
●基本織片為5針9段的平針編織。

《第一列》三角織片①～⑥
●織片①（以下省略織片兩字）：第1段，手指起針法起2針。第二段，織2針上針。第3段，織2針下針與1針捲加針。第4段，從捲加針另一端的針目直接移至右棒針，織2針上針（ω，△的織法請參照圖示）。在奇數段作1針捲加針，第11段就會有7針。第12段，將1針移往右棒針，織上針。
●重複3～12段，完成6片三角織片後剪線。以收針的線頭接合①和⑥成環狀。接下來以環編進行。

《第二列》織片⑦～⑫
●⑦：從①的右側（第1針和第2針間）挑5針（第1段）。與⑥一起織2併針，編織9段。第7段時，與⑥的2針一起織3併針。
●⑧：從⑥挑5針，一邊與⑤併織一邊進行。以相同方式織到⑫。

《第三列》織片⑬～⑱
●⑬：從⑦挑5針，與⑫併織。以相同方式織到⑱。
●重複第二列、第三列的織法，直到完成第六列的㊱。

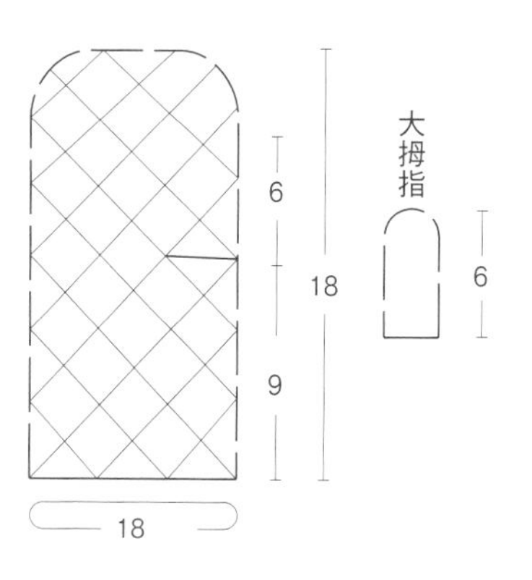

右手手背·手掌的結構圖

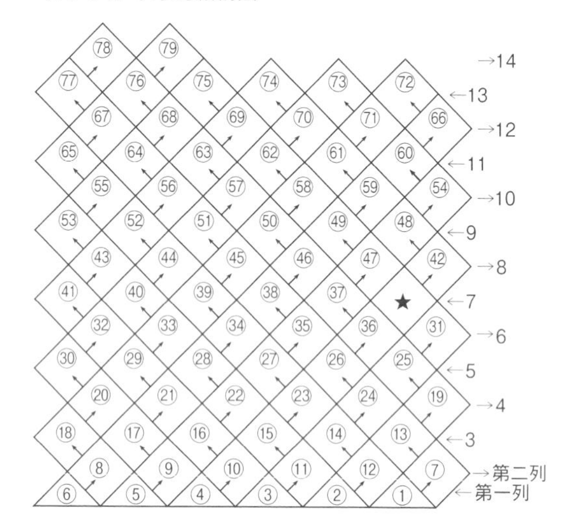

★…大拇指位置

△的織法

ω的織法

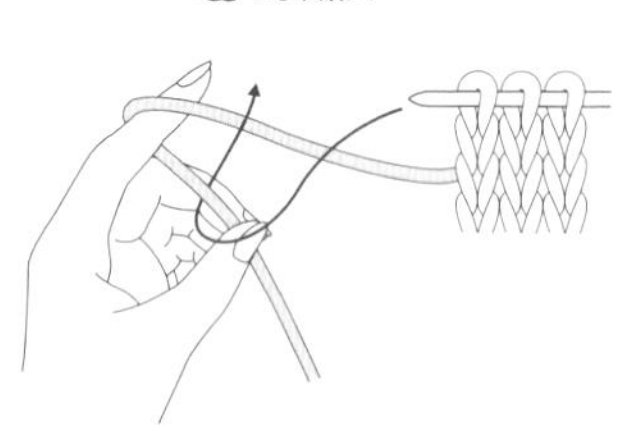

右手手背·手掌的編織圖

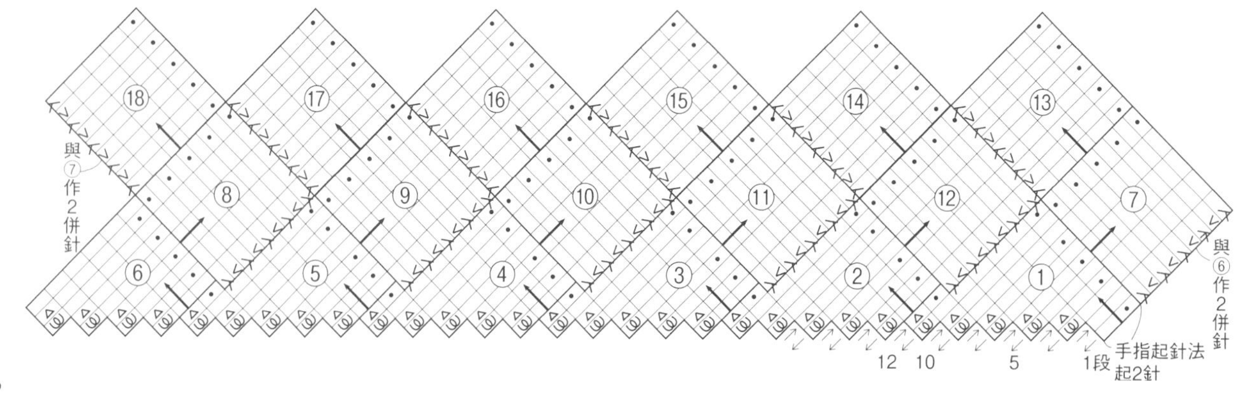

《大拇指》織片A～H

從㊱繼續編織大拇指A～H。

A：從㉛挑5針，一邊與㊱併織一邊進行。

B：別線鎖針起針起6針（作為A的沿續針目），織9段。

C：從B挑5針，與A併接。依編織圖以相同方式編織D～G。

H：從E挑4針，右邊與F，左邊與G併織，編織9段。第8段時，與G的2針一起織3併針。最終段4針與G作針與段的併縫。大拇指完成後，繼續編織第七列。

《第七列》織片㊲～㊶

●㊲：從㊱挑針，與㉟併織。以相同方式織到㊶。

《第八列》織片㊷～㊼

●㊷：從大拇指B挑5針，與㊶併織。

●㊸～㊻：繼續編織。

●㊼：從㊲挑針，與大拇指B解開別線的起針針目作2併針接合。

從第九列繼續編織到第十三列的㊹。

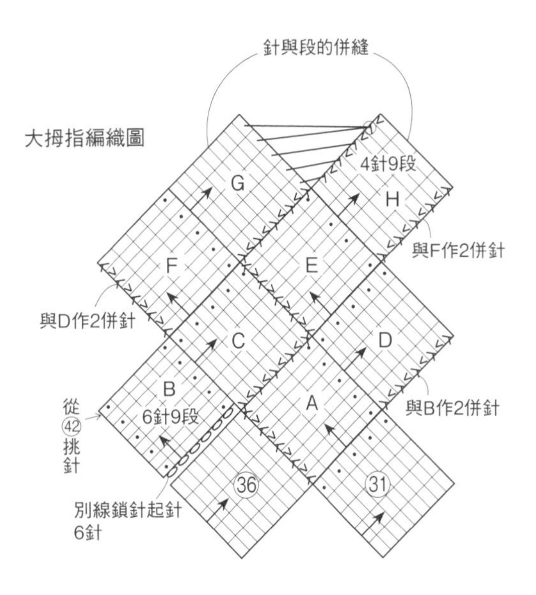

《右手指尖》

㉟：從㊴挑4針，左邊與㊳，右邊與㊹併織。

㊶：從㊳挑針，與㊲併織。

㊷：從㊲挑針，與㊱併織後剪線。

㊸：從㊷挑4針，與㊶，㊷併織。

㊹：從㊶挑4針，與㉟，㊸併織。

㊷與㊲，㊸與㊸，㊹與㊹分別進行針與段的併縫。

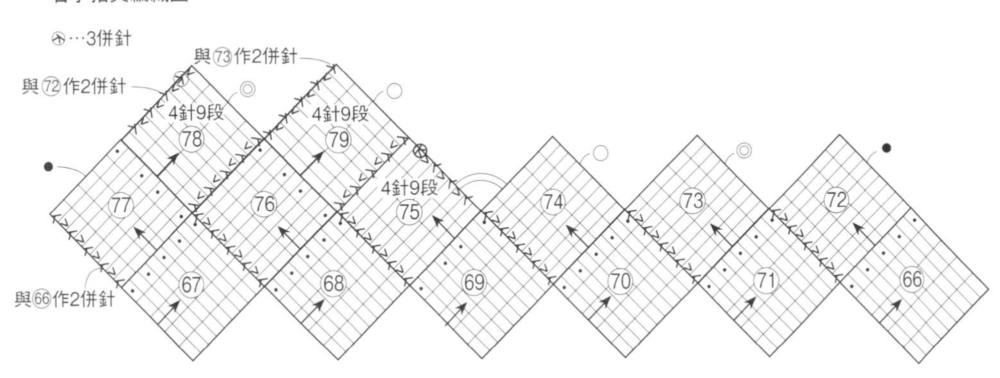

《左手指尖》

左手的作法從步驟①到⑫都和右手相同，只是接合指尖織片的順序不同。

⑬：從⑪挑4針，與⑩、⑫併織。

⑭、⑮：繼續編織。

⑯：從⑧挑4針，與⑦、⑮併織。以相同方式織到⑰。

⑱：從⑫挑4針，與⑰、⑬併織。

⑲：從⑰挑4針，與⑯、⑭併織。

⑲與⑮、⑱與⑭分別進行針與段的併縫。

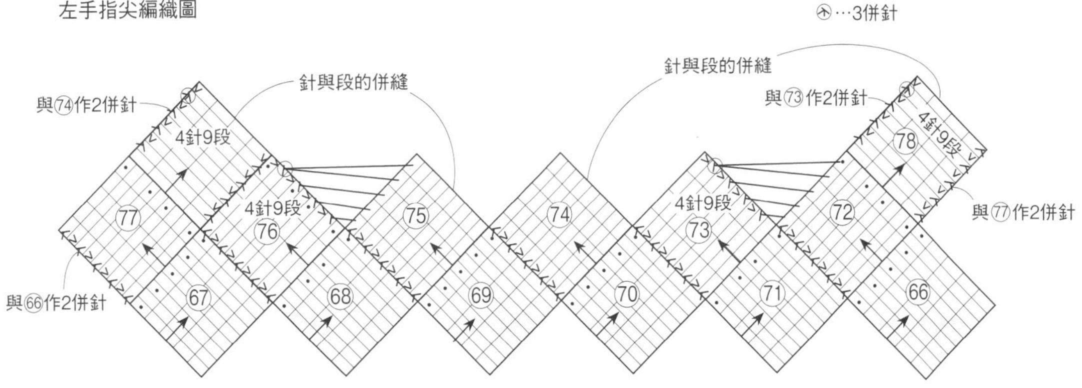

30

p.33《居爾特風併指手套》

【材料】ROWAN　Felted Tweed淺灰色（177）50g

【工具】3號棒針・麻花針

【密度】上針平針編織 28針43段＝10㎝四方形

【完成尺寸】手掌圍 17㎝　長 22.5㎝

- 別線鎖針起針法起48針，編織7段。這7段將反摺作為內側。
- 接著編織手套口。第1段，以花樣編的掛針加16針，以64針進行編織。第27段時減4針。
- 在手背編織交叉花樣，手掌則在一處一邊加針一邊編織上針平針。第25段，在大拇指開口的位置休12針，作6針捲加針。
- 第63段開始作指尖的減針。結束段將手背與手掌的針目作上針平針併縫。
- 大拇指的織法，是在休針的12針以及捲加針的6針挑針，此外，休針兩側的針目要與捲加針間的渡線織成扭針2併針（休針在上）。
- 解開別線，將手套口第7段的背面與內側接縫固定（袋縫p.103），要注意別讓縫線露出。
- 以相反的方向編織對稱的左手。［圖］的交叉為左上2針交叉。

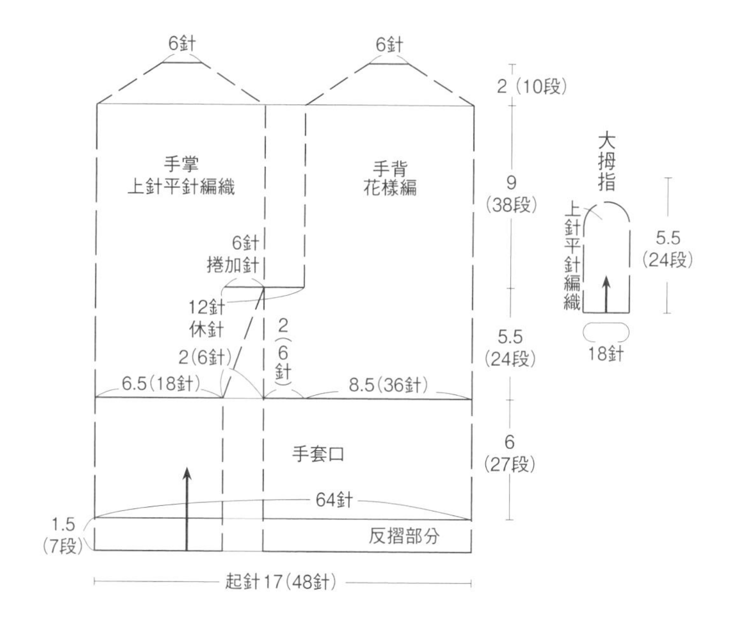

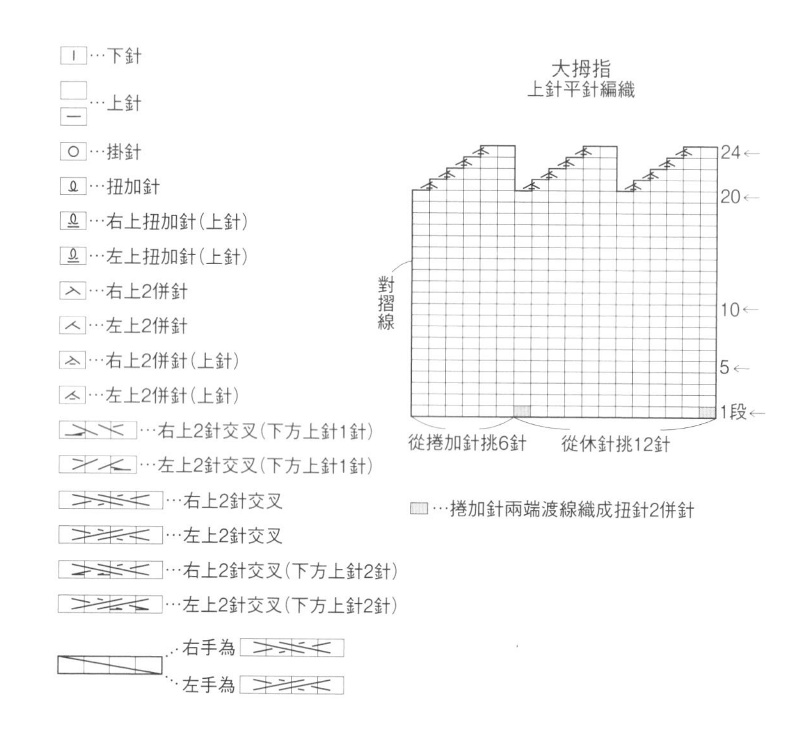

右手手背·手掌的編織圖

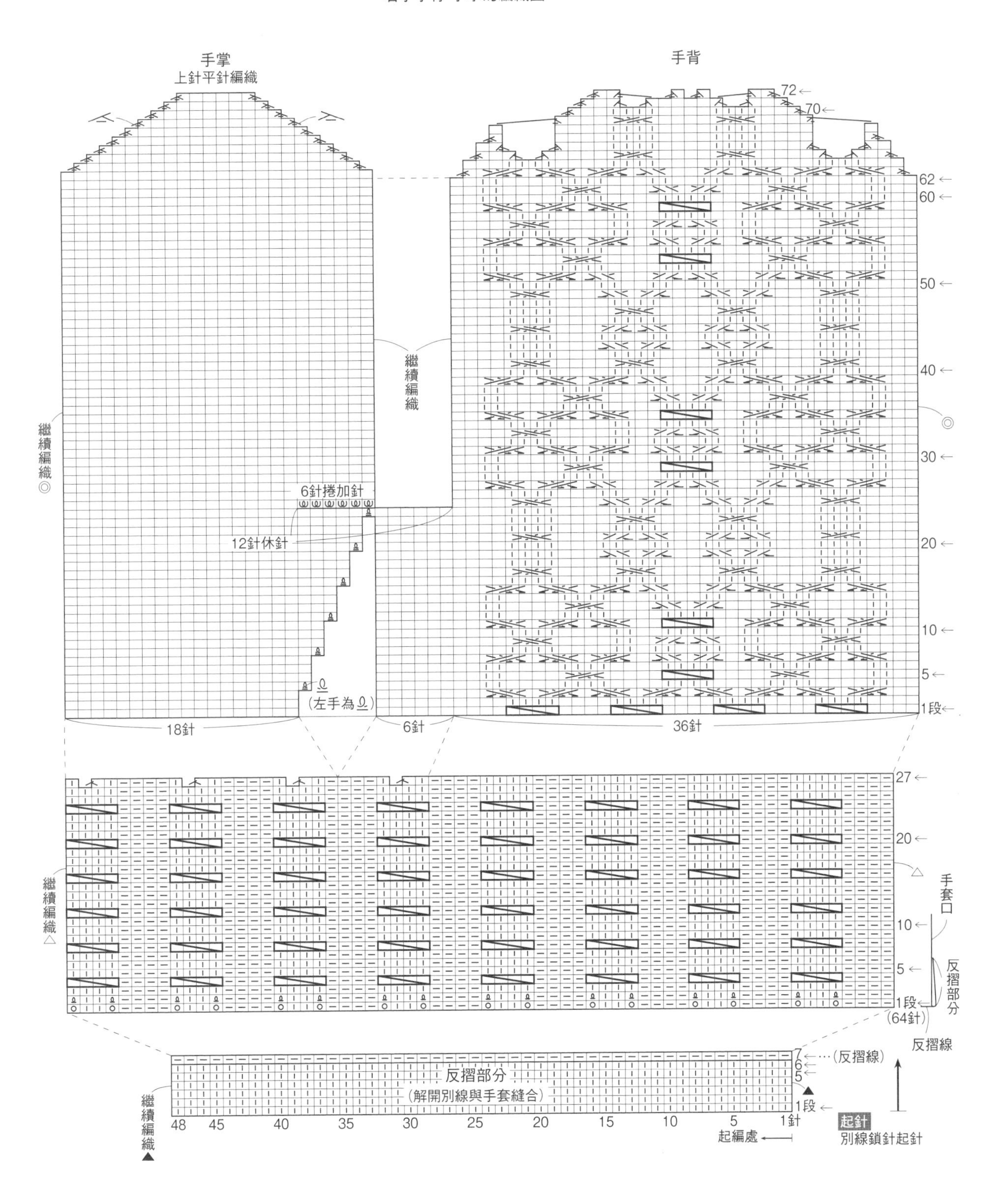

手掌
上針平針編織
手背
72
70
62
60
50
40
30
20
10
5
1段
繼續編織
繼續編織◎
◎
6針捲加針
12針休針
(左手為)
18針
6針
36針
27
20
△
手套口
10
5
1段
(64針)
反摺部分
反摺線
繼續編織△
7 …(反摺線)
6
5
▲
1段
反摺部分
(解開別線與手套縫合)
繼續編織▲
48 45 40 35 30 25 20 15 10 5 1針
起編處
起針
別線鎖針起針

基本技巧

《棒針編織》起針

●手指掛線起針法

①
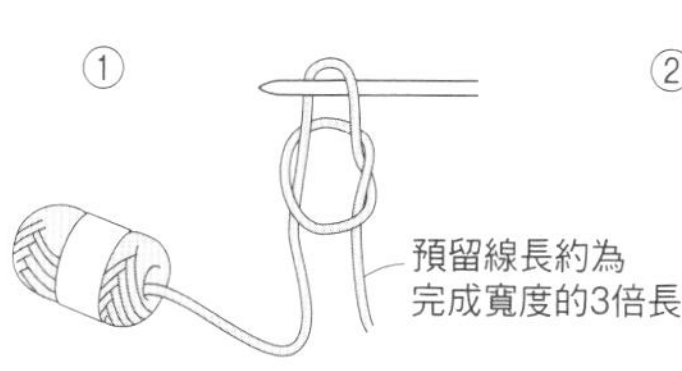

以手指作出第1針，將棒針穿入線圈後拉緊毛線。

②
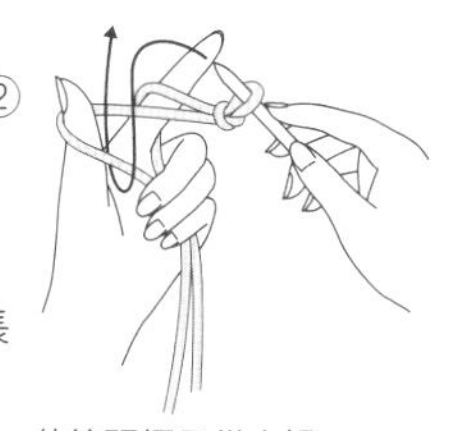
依箭頭標示從大拇指側入針。

③
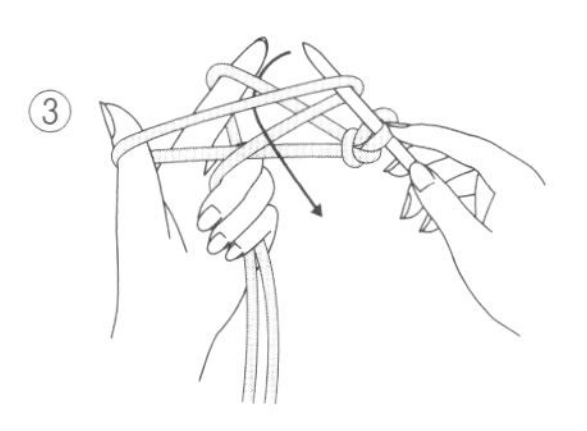
挑起繞在食指上的毛線。

④
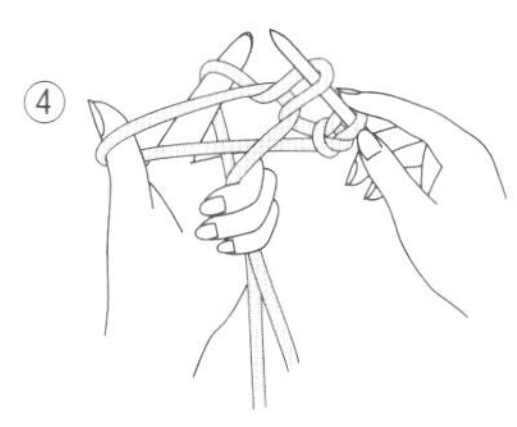
拉出毛線。

⑤
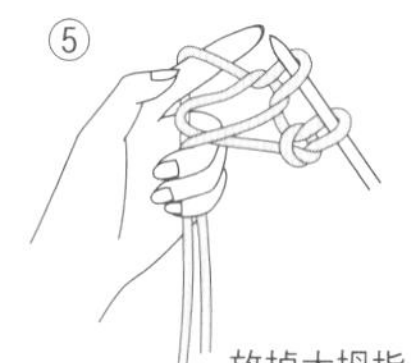
放掉大拇指。

⑥
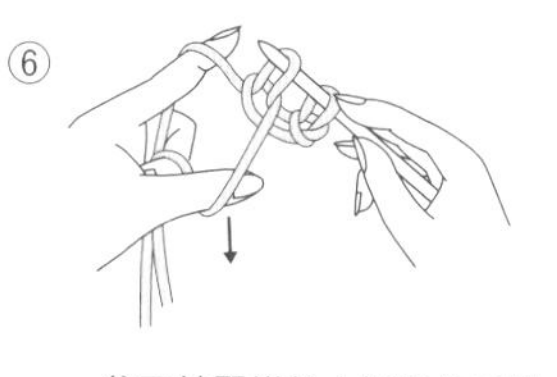
往下拉緊掛於大姆指的毛線。
完成第2針目。重複步驟②至⑥。

⑦

完成所需針目數。將棒針換至左手，開始編織第2段。

●蘇格蘭費爾島圖案（Fair Isle）起針法

①
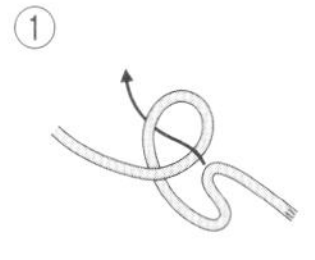
如圖示，將毛線打結作成線圈。

②
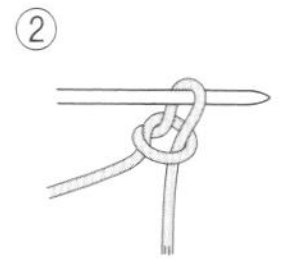
左棒針穿入線圈中（第1針）。

③
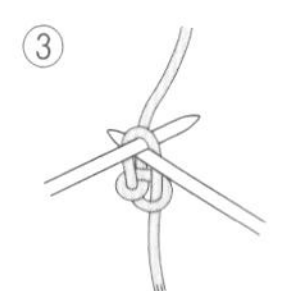
右棒針穿入左棒針上的針目。

④
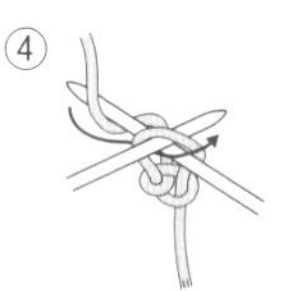
以織下針的要領掛線，拉出毛線。

⑤
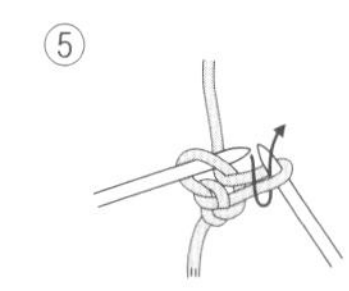
扭轉針目，並移至左棒針上（第2針）。

⑥
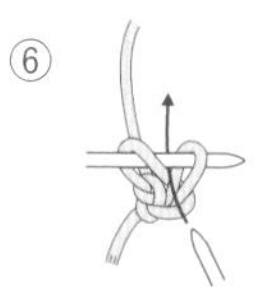
右棒針穿入第1針與第2針的中間。

⑦
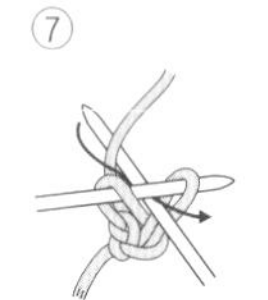
掛線拉出。

⑧
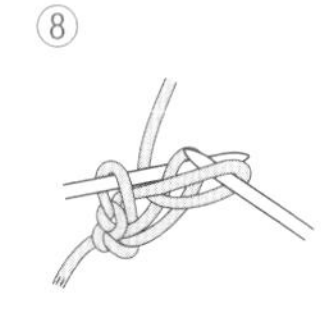
將右棒針的針目扭轉後掛回左棒針，即完成第3針。
重複步驟⑥至⑧。

⑨
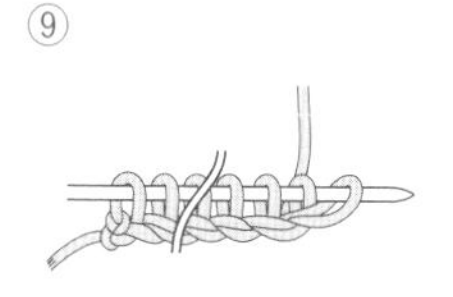
將最後1針掛在左棒針上。
完成第1段。

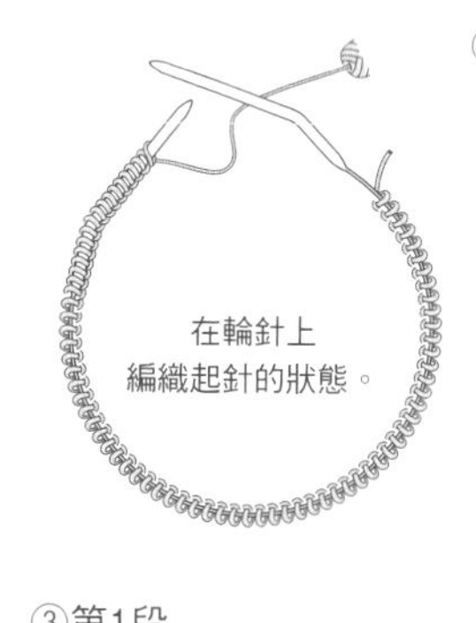

⑩
以環編編織下一段時，要將輪針左右對調（翻面），使毛線位於右側後再開始編織。

●直接在棒針上作1針鬆緊針起針

①
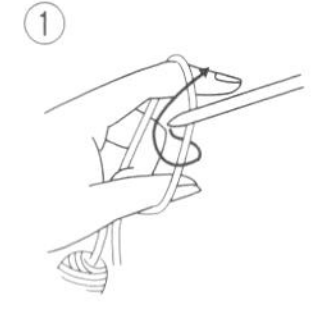
依箭頭方向穿入棒針，編織下針（第1針）。

②

依箭頭方向穿入棒針，編織織上針（第2針）。

→

重複步驟①②，編織必要針數。

③第1段

左右交換持針，編織下針和滑針，最後織2針下針。

④第2段

左右交換持針，開始時織2針滑針，之後以與下針交互編織。第3段開始織1針鬆緊針。

織2針鬆緊針時（2端為下針2針）

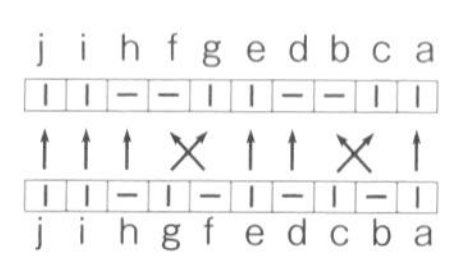

⑤第3段

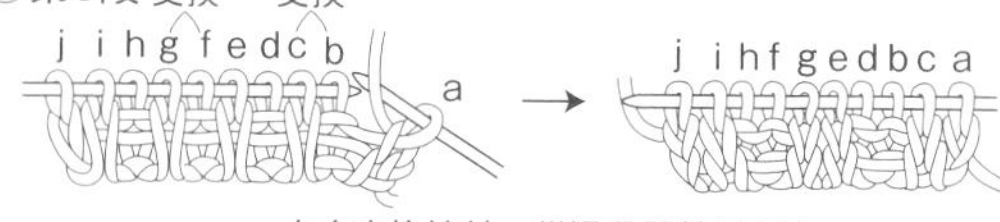

左右交換持針，從這段開始以2針鬆緊針的方式交互編織上針與下針。

●別線鎖針起針法（之後解開別線）

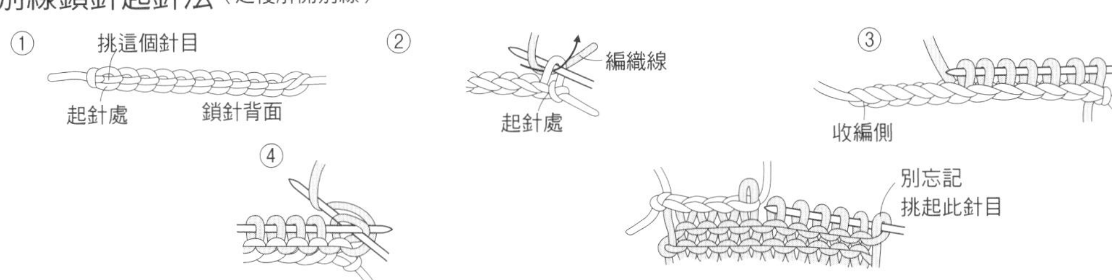

編織記號與編織方法

｜ 下針

①

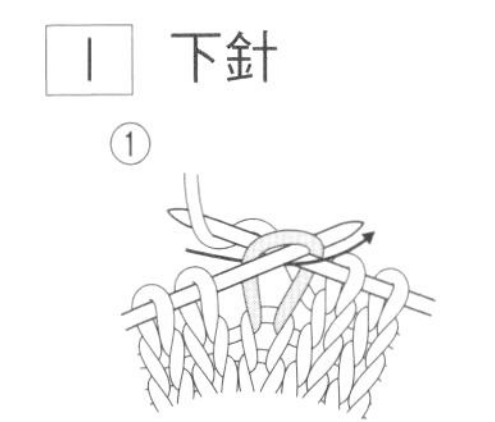

將毛線放至後方，右棒針由前方穿入左邊針目，掛線後，依箭頭方向拉出毛線。

②

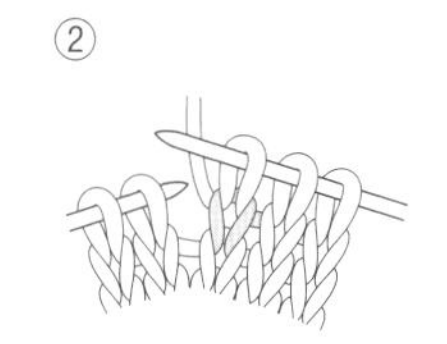

一邊拉出毛線，一邊將針目移至右棒針上。

— 上針

①

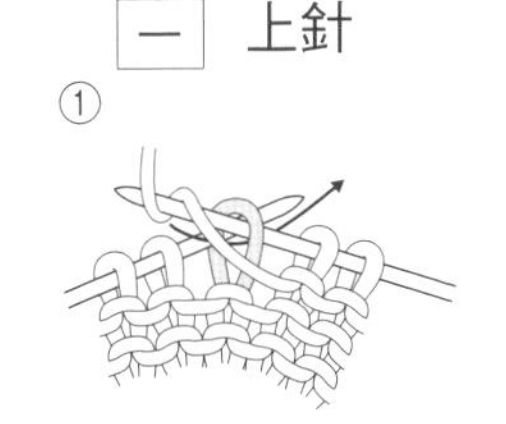

將毛線放至前方，右棒針由後方往前穿入左邊針目，掛線後，依箭頭方向拉出毛線。

②

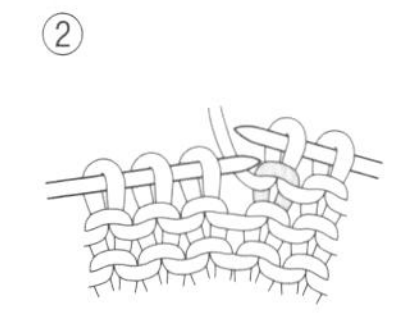

一邊拉出毛線，一邊將針目移至右棒針上。

入 右上2併針（下針）

①

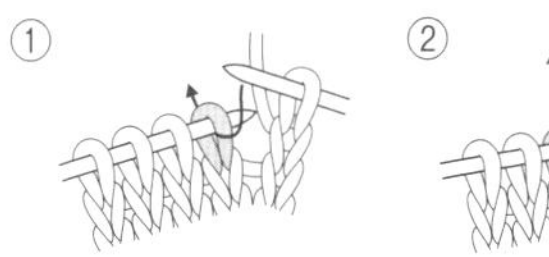

直接從前方將針目移至右棒針。

②

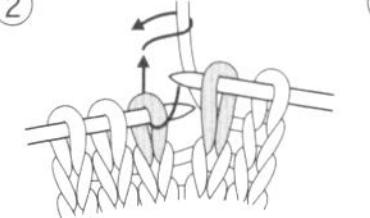

編織下一針。

③

將先前移至右棒針的針目套在剛才的下針上。

人 左上2併針（下針）

①

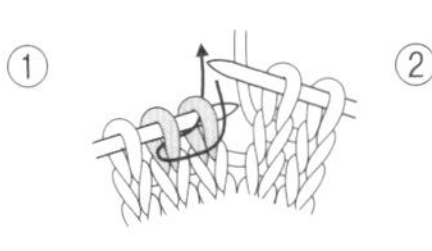

依箭頭方向，將棒針從前方穿過左棒針的2個針目。

②

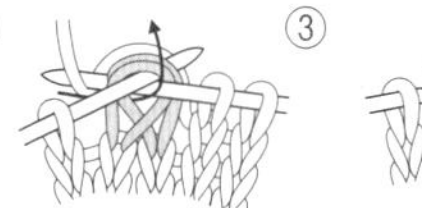

掛線編織下針。

③

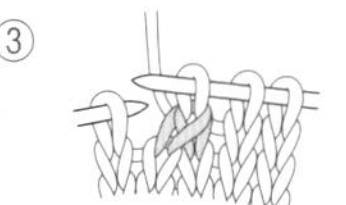

減少1針。

右上2併針（上針）

①

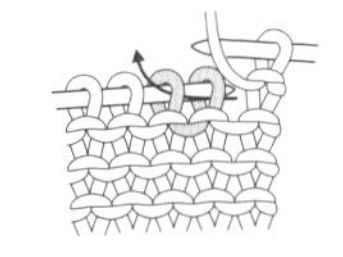

不編織，直接將左棒針上的2針目移至右棒針。

②

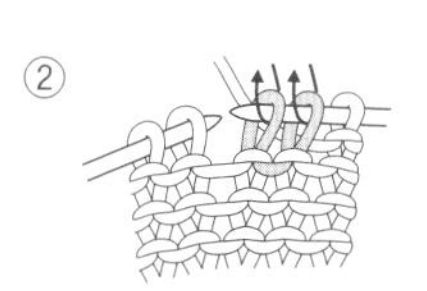

依箭頭方向，將棒針穿入2針目，改變方向後移回左棒針。

③ ④

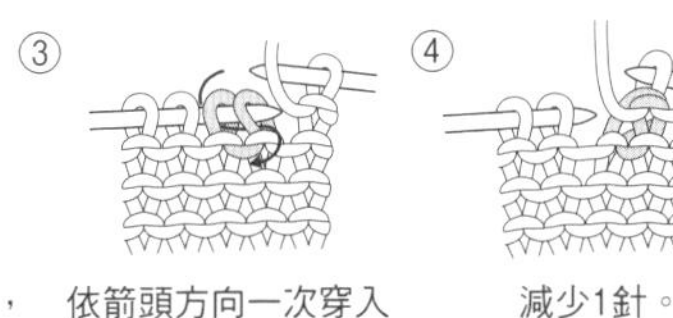

依箭頭方向一次穿入2針目，編織上針。

減少1針。

左上2併針（上針）

①

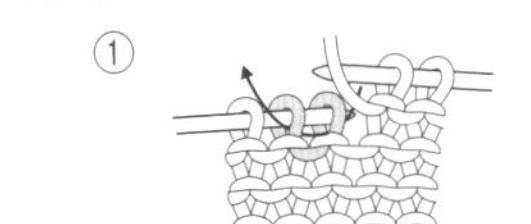

右棒針從後方穿入左棒針上的2針目。

②

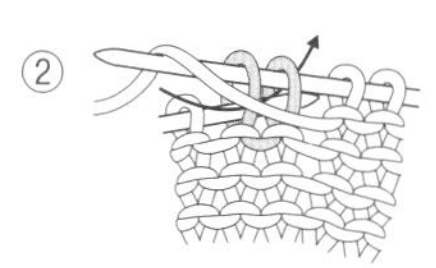

掛線編織上針。

③

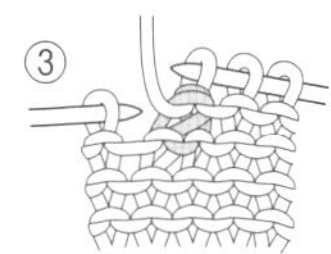

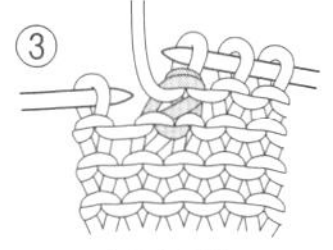

減少1針。

ℓ 扭針

①

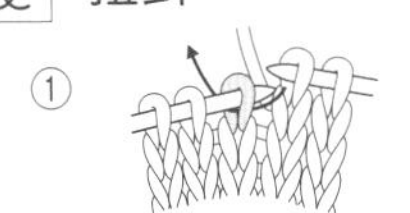

從後方穿入棒針。

②

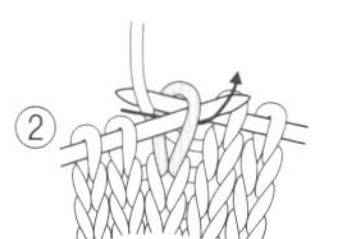

掛線編織。

③

④

○ 掛針（空針）

①

右棒針掛線後，將右棒針穿入左棒針的針目中。

②

織好1針掛針的模樣。

③

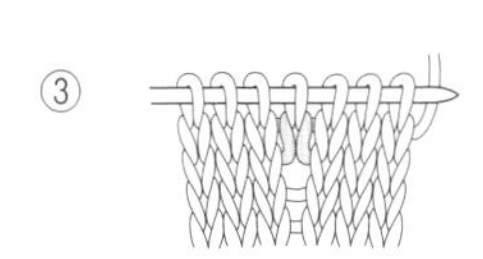

編織下一段時，掛針處會出現洞洞。

中上3併針

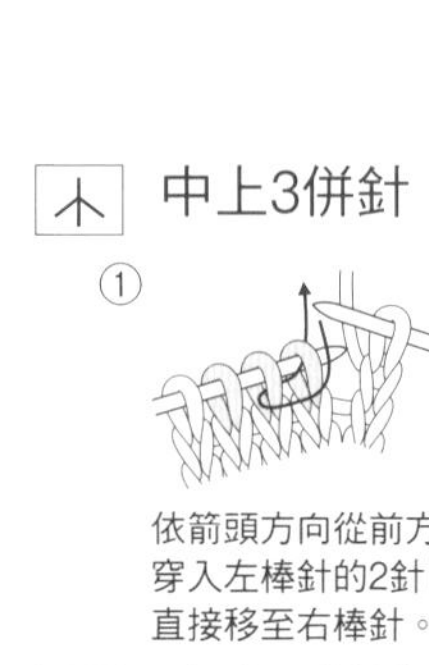
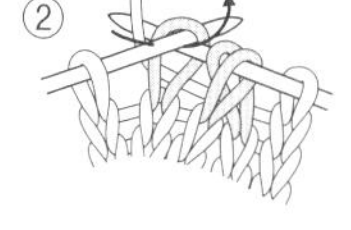
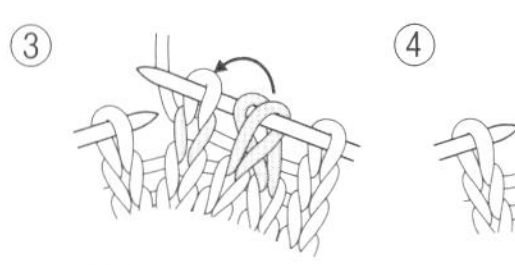
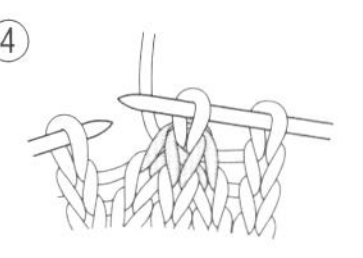

① 依箭頭方向從前方穿入左棒針的2針目，直接移至右棒針。

② 編織左棒針上的下一個針目。

③ 將先前移至右棒針的針目套在剛剛織的針目上。

④ 減少2針。

右上3併針

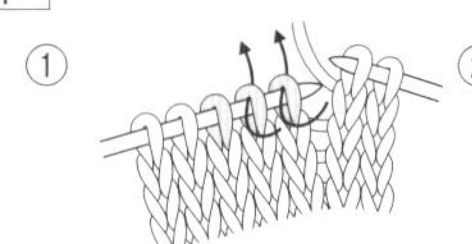

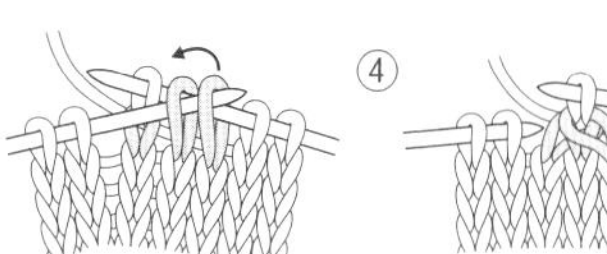

① 不編織，直接移至右棒針。

② 編織左棒針上的下一個針目。

③ 將先前移至右棒針的針目套在剛剛織的針目上。

④ 減少2針。

左上3併針

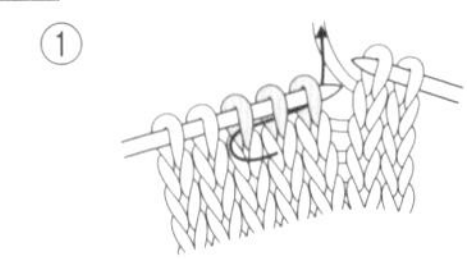
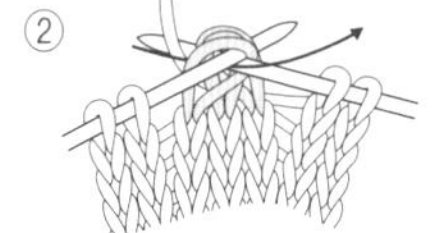
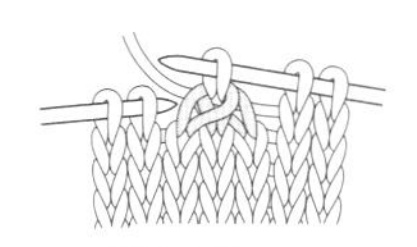

① 右棒針依箭頭方向從前方一起穿入左棒針的3針目。

② 3針一起編織。

③ 減少2針。

右加針

① 右棒針穿入左棒針前1段的針目中。

② 掛線編織。

③ 編織掛在左棒針上的針目。

④ 增加1針。

左加針

① 左棒針穿入右棒針前2段的針目中。

② 掛線編織。

③ 增加1針。

＊編織上針段時則是以相同要領編織上針。

右上1針交叉

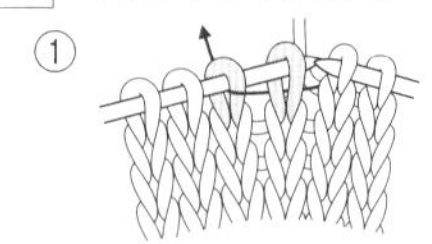

① 右棒針繞過第1針，從後方穿入第2針。

② 掛線編織。

③ 編織跳過未織的第1針。

④

左上1針交叉

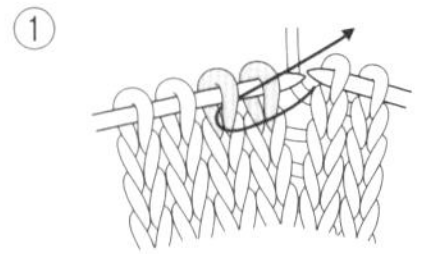
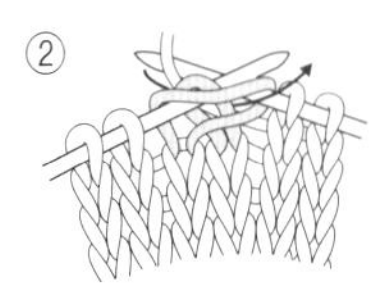
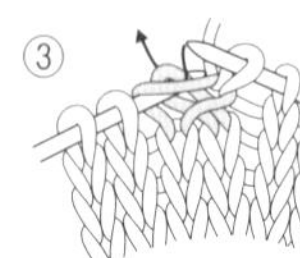
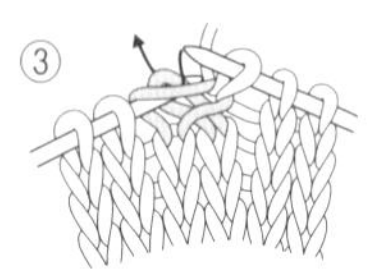

① 右棒針繞過第1針，從前方穿入第2針。

② 掛線編織。

③ 編織跳過未織的第1針。

④

右上2針交叉

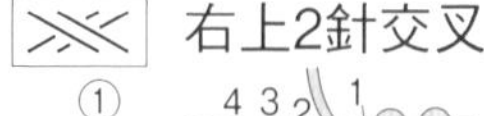
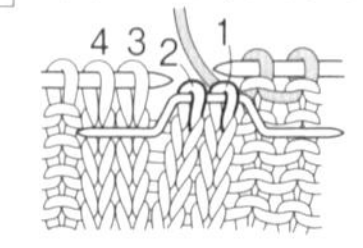

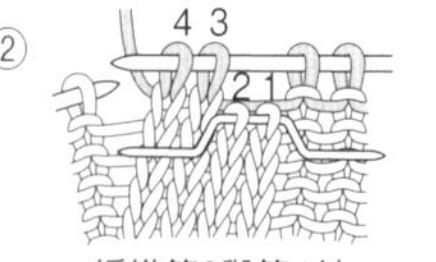

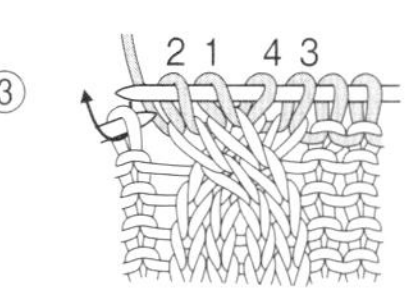

① 以麻花針固定第1與第2針，置於前方。

② 編織第3與第4針。

③ 編織位於麻花針上的第1與第2針。

滑針

① 毛線放至後方，不編織，直接移至右棒針。

② 編織下一個針目。

③

左上2針交叉

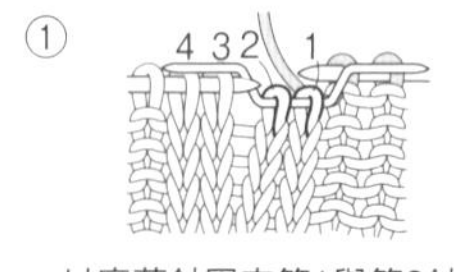

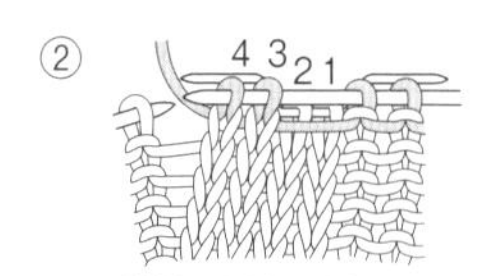

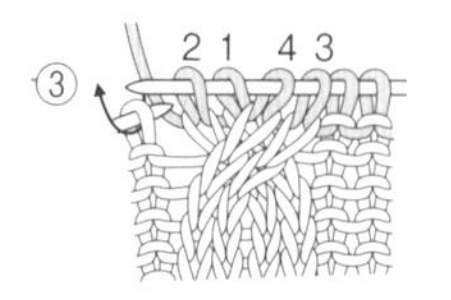

① 以麻花針固定第1與第2針。

② 將第1與第2針放至後方，編織第3與第4針。

③ 編織位於麻花針上的第1與第2針。

編織圖案（後方換線法）

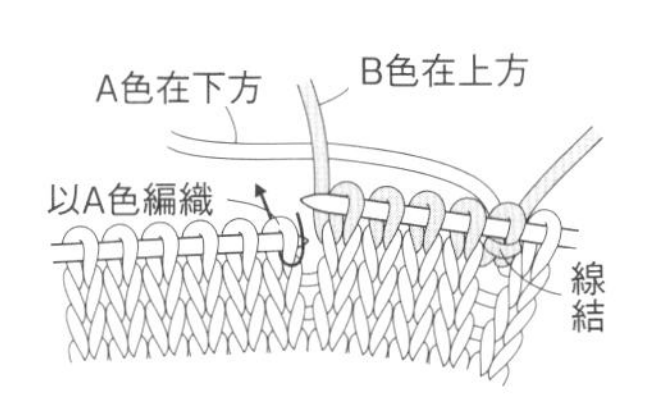

於B色毛線的起編處打結固定，再穿過右棒針開始編織，針目會較為緊密。編織下一段時，解開線結。

起伏針併縫

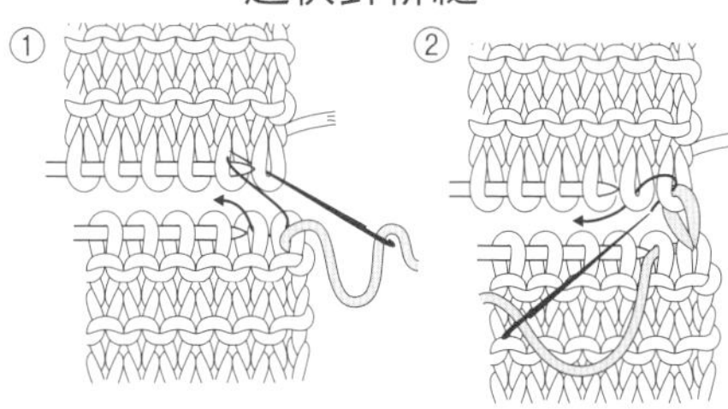

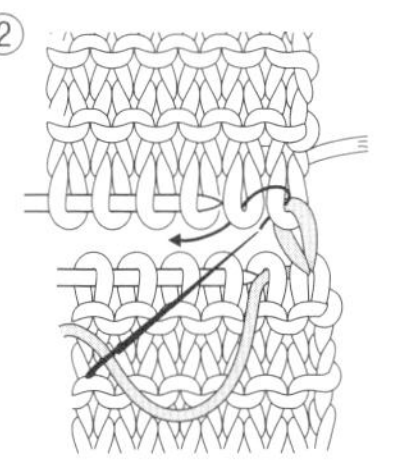

①從靠近自己的織片邊目背面穿線入針，將縫針如圖示挑針縫合。

②接著在另一片織片邊目的背面入針，從下一針目正面入針至背面。

袋縫

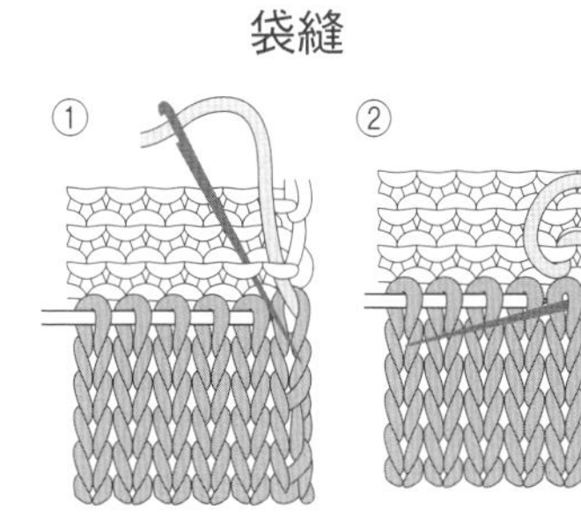

《鉤針編織》 編織記號與編織方法

鎖針

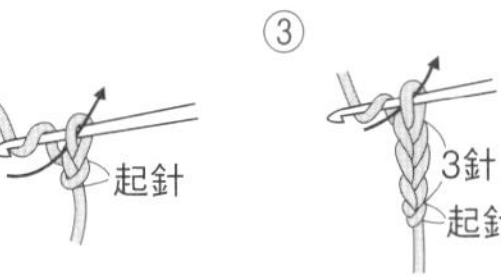

短針

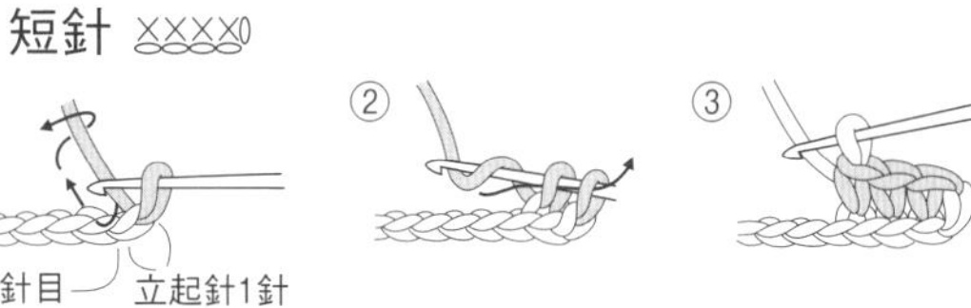

中長針

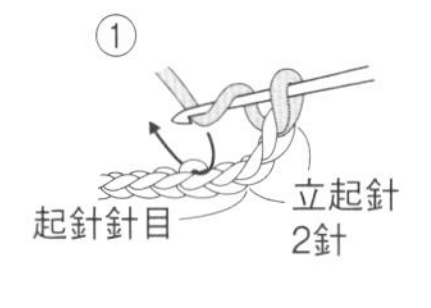

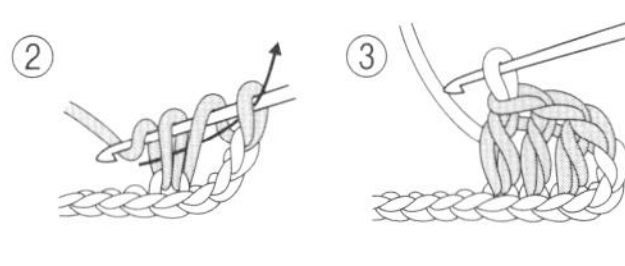

長針

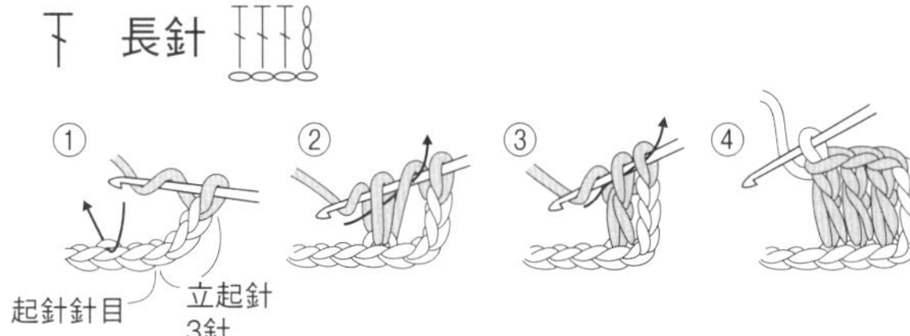

長長針

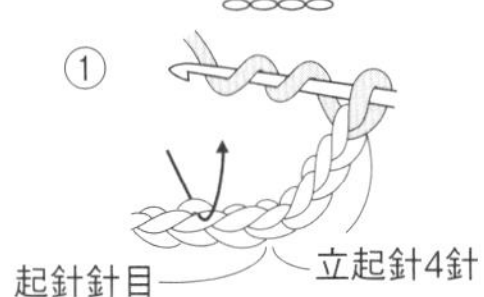

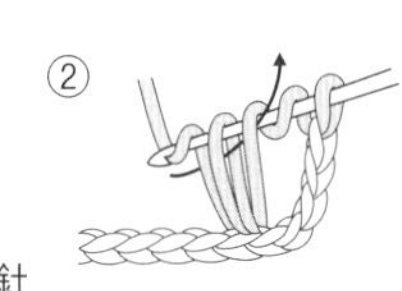

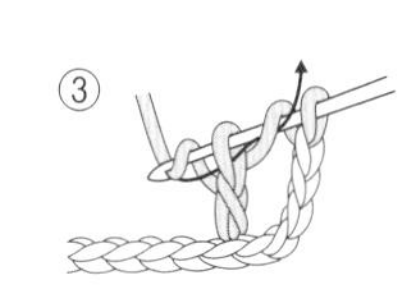

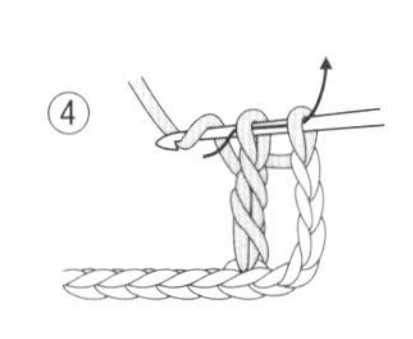

中長針5針的玉針

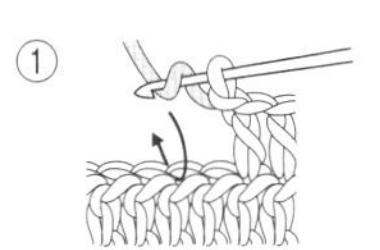

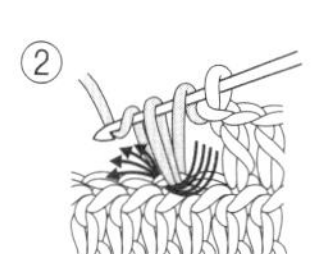

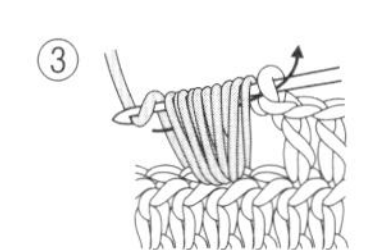

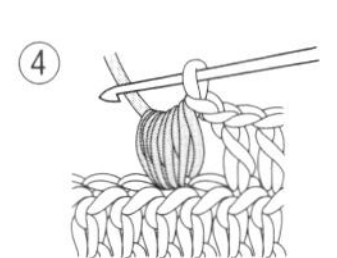

引拔針

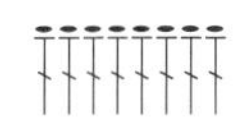

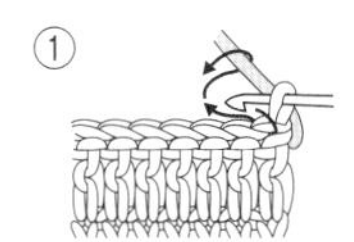

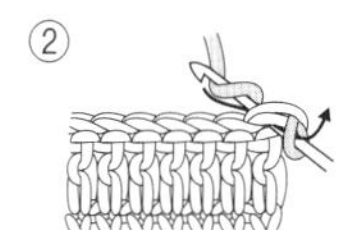

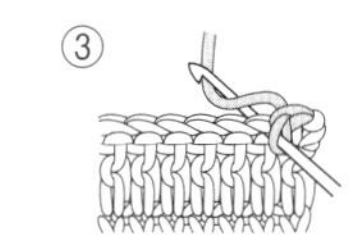

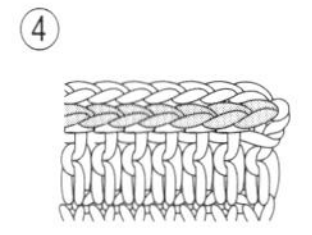

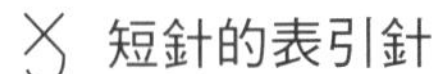

短針的表引針

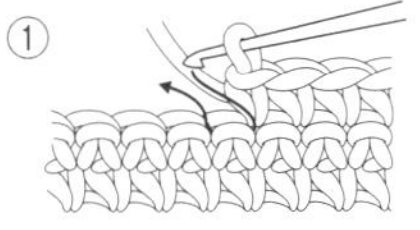

①鉤針依箭頭指示，在前一段橫向穿入挑針。

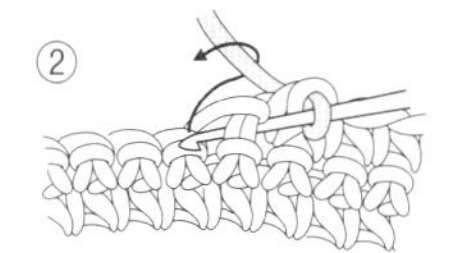

②鉤針掛線。

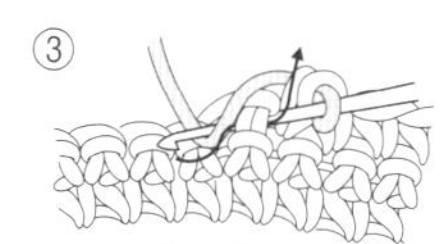

③鉤出比短針更長的線段。

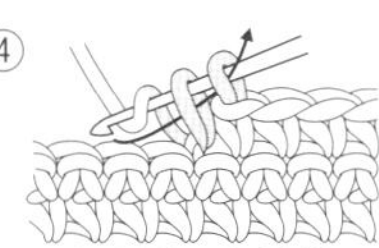

④以短針的要領鉤織，完成在前段鎖針側邊的針目。

短針的裡引針

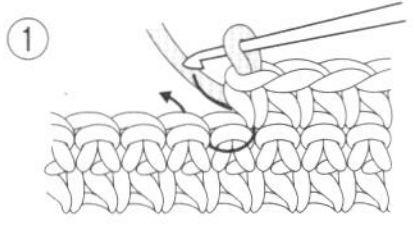

①鉤針依箭頭指示，從前一段外側橫向穿入挑針。

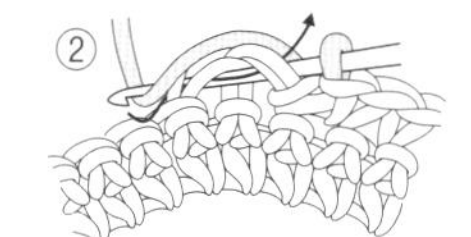

②鉤針掛線，依箭頭指示從織片背面鉤出。

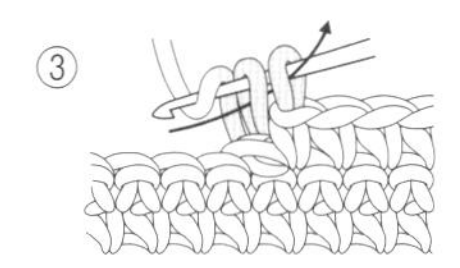

③鉤出比短針更長的線段，以短針的要領鉤織。

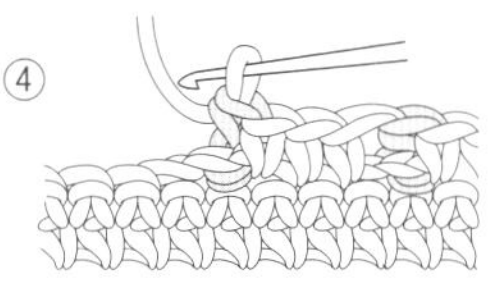

④完成在前段鎖針側邊的針目。

變形逆短針（挑2條線）

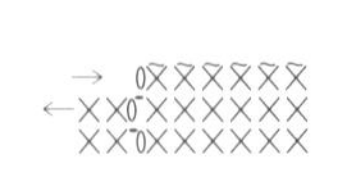

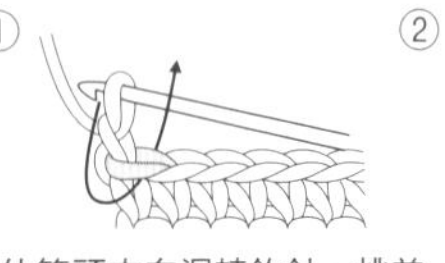

①依箭頭方向迴轉鉤針，挑前一段針目頂端。

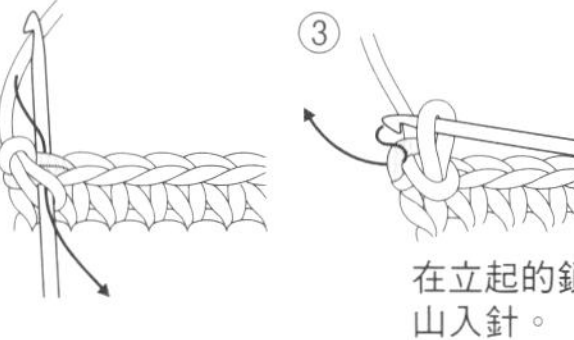

③在立起的鎖針裡山入針。

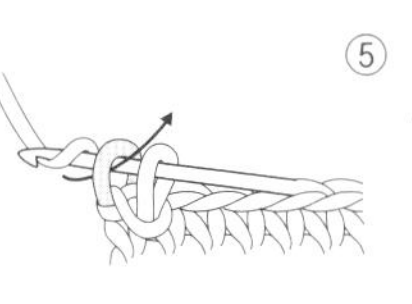

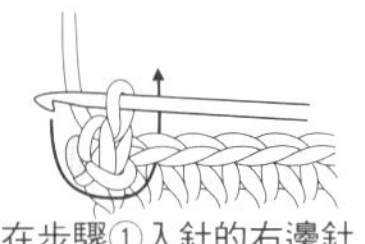

⑥在步驟①入針的右邊針目挑針，掛線編織。

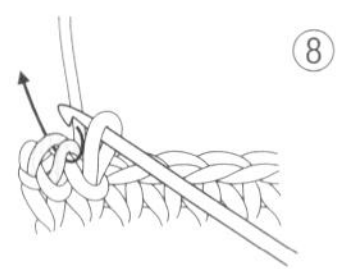

⑦按箭頭指示，回頭挑第1針的兩條線。

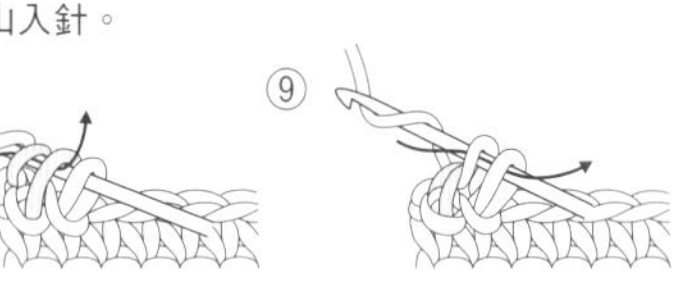

⑩重複步驟⑥至⑨。

《作品使用的線材》以下將介紹書中各作品的使用線材，作為考量編織線粗細與長度的參考。

作品編號	1, 2, 3, 4, 5, 7	6, 22, 30	8, 9	10	12	13	14	15, 29
製造商	ROWAN	ROWAN	雪特蘭島製	AVRIL	Hamanaka Rich More	DMC	PUPPY	HOBBYRA-HOBBYRE
名稱	Felted Tweed Aran	Felted Tweed	ARAN 毛線	Mohair Tam	Excellent Mohair Count10	Cordonnet Special 70 號	PUPPY NEW3PLY	Roving Kiss
重量	50g	50g	50g	10g	20g	20g	40g	40g
長度	87m	175m	90m	22m	200m	320m	215m	99m
粗細	並太	中細	並太	並太	極細	超極細	合細	並太
材質	美麗諾羊毛 50% 駝羊毛 25% 縲縈 25%	美麗諾羊毛 50% 駝羊毛 25% 縲縈 25%	羊毛 100%	毛海 70% 羊毛 10% 尼龍 20%	Super kid mohair71% 小羊毛 5% 尼龍 24%	長纖棉 100%	羊毛 100% （防縮處理）	羊毛 62% 壓克力纖維 25% 尼龍 13%

作品編號	16	17, 18	19	20	21	23	11, 12, 24, 25, 26	27	28
製造商	ROWAN	Hamanaka	Hamanaka	Hamanaka	PUPPY	Hamanaka Rich More	雪特蘭島製 費爾圖案用毛線	雪特蘭島製	Createbell
名稱	Kidsilk Haze	Span Jewel	Fairlady 50	純毛中細	PUPPY 4PLY	Cashmere 100	2ply Jumper Weight · 中細	2ply Lace Weight · 合細	Mislim
重量	25g	25g	40g	40g	40g	20g	25g	25g	25g
長度	210m	68m	100m	160m	150m	110m	118m	169m	132m
粗細	極細	合太	合太	中細	中細	合細	中細	合細	合細
材質	毛海70% 蠶絲30%	尼龍55% 壓克力纖維20% 羊毛16% 聚酯纖維9%	羊毛70% 壓克力纖維30%	羊毛100%	羊毛100% （防縮處理）	喀什米爾100%	羊毛100%	羊毛100%	綿90% 聚酯纖維10%

以兩色線起針

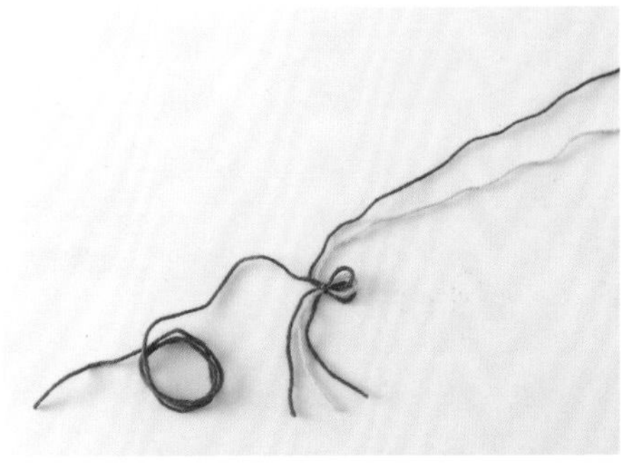

1　A色為茶色毛線，B色為青磁色毛線。先將A色毛線預留80cm（約手套口寬度的5倍）作為起針用，將兩條線一起打出活結，在長棒針上拉緊固定。

2　預留的短線如圖示從大拇指下方掛線（上方兩條毛線為毛球端）。

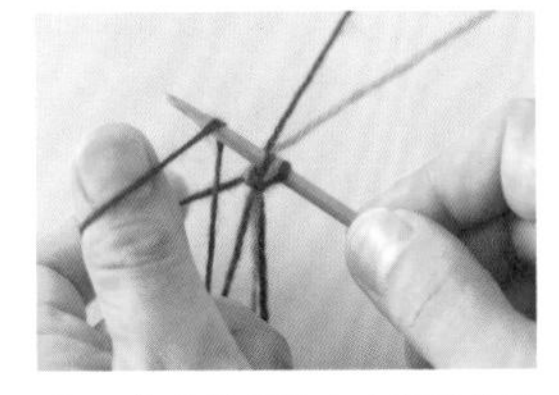

3　棒針挑起掛在大拇指上的毛線。

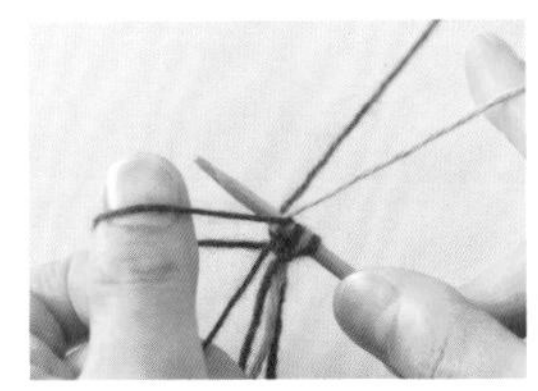

4　然後直接將B色以編織上針的方式，由後繞至棒針前方。

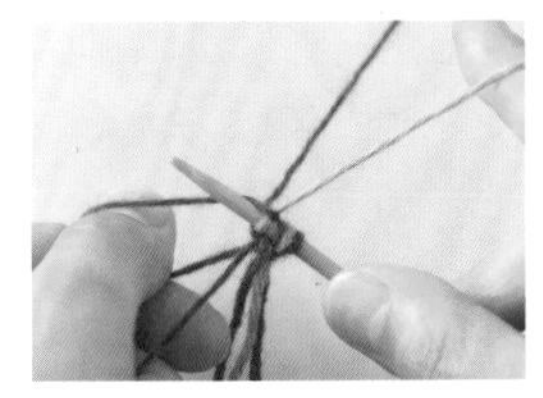

5　將大拇指的線圈套上棒針，鬆開大拇指的線。

6　收緊線圈。

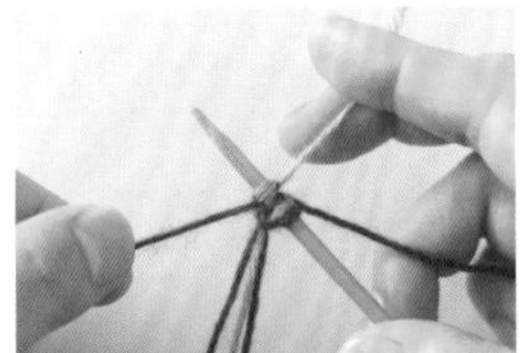

7　如圖示改以B色在上，A色在下的方式持線。

8　棒針再次挑起掛在大拇指上的預留短線。

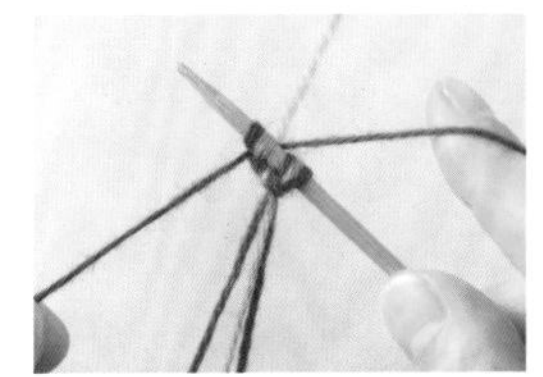

9　A色線重複步驟4、5 的動作，覆蓋大拇指的線圈後收緊。之後重複進行步驟2～9。編織時，兩色線務必交換上、下位置，進行繞線織上針的動作。

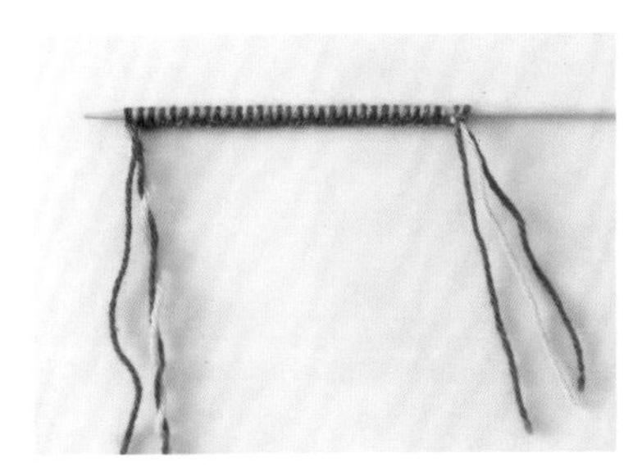

10　作60針起針針目。

11　解開最初時的活結線圈。

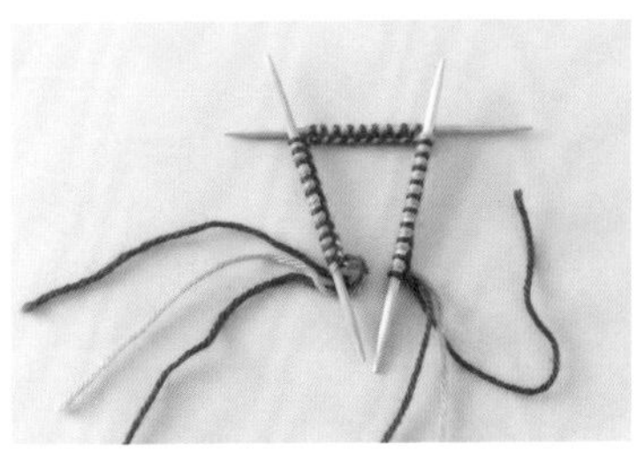

12　以3根棒針作成環編的模式（右下兩條線為毛球端）。

13 第一段，是將線放在前面（靠近自己），編織上針。

14 棒針穿入A色針目中。

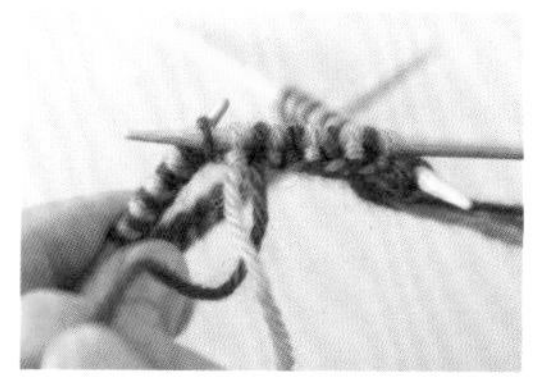

15 起針針目A色同樣以A色編織，但織線要從B色下方繞上來。

16 掛線。

17 織上針。

18 棒針穿入B色起針針目，B色線也從A色下方繞上來掛線。

19 織上針。

20 重複步驟14～19編織一圈。

21 第2段也是兩色線交替編織上針。

22 但是織A色時，改成A色從B色線上方繞過。

23 掛線。

24 織上針。

25 織B色時，B色也改從A色線上方繞線。

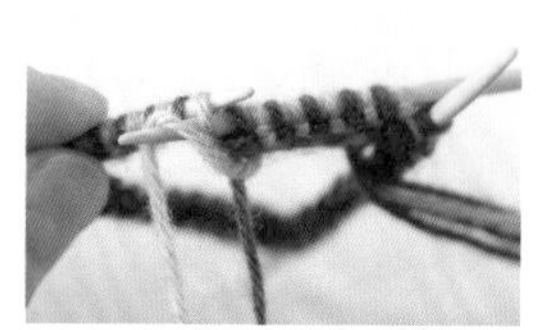

26 織上針。

27 右手手套的箭矢羽毛方向朝右。左手手套則是相反的朝左，這時第1段和第2段的繞線方式要相反（從上繞線或從下繞線）。這種織法會漸漸讓線捲起，但編織第2段時，捲起的線就會鬆開了。

國家圖書館出版品預行編目資料

毛線手套編織基本功：幸福手感毛線手套編織超圖解／
嶋田俊之著.
-- 二版. -- 新北市：雅書堂文化, 2019.12
面；　公分. -- (愛鉤織；20)
譯自：手編みのてぶくろ
ISBN 978-986-302-521-4(平裝)
1.編織 2.手工藝
426.4　　108019831

【Knit・愛鉤織】20

幸福手感毛線手套編織超圖解

毛線手套編織基本功 暢銷版

作　　者／嶋田俊之
譯　　者／莊琇雲
發 行 人／詹慶和
總 編 輯／蔡麗玲
執行編輯／蔡毓玲
編　　輯／劉蕙寧・黃璟安・陳姿伶・陳昕儀
執行美編／周盈汝
美術編輯／陳麗娜・韓欣恬
內頁排版／造極
出 版 者／雅書堂文化事業有限公司
發 行 者／雅書堂文化事業有限公司
郵撥帳號／18225950
戶　　名／雅書堂文化事業有限公司
地　　址／新北市板橋區板新路206號3樓
電　　話／（02）8952-4078
傳　　真／（02）8952-4084
網　　址／www.elegantbooks.com.tw
電子郵件／elegantbooks@msa.hinet.net

2012年12月初版　2019年12月二版一刷　定價380元

經銷／易可數位行銷股份有限公司
地址／新北市新店區寶橋路235巷6弄3號5樓
電話／（02）8911-0825
傳真／（02）8911-0801

嶋田 俊之　TOSHIYUKI SHIMADA

修完日本國內和倫敦的音樂大學研究所課程，取得各項文憑後。於巴黎、維也納進修音樂，並獲得了許多獎項，更以演奏家的身分活躍於音樂界。自學生時代開始接觸編織，旅居歐州時，學習了以編織為主的專門課程，受到各地傳統編織技藝的啟蒙。目前以講師的身分活躍於書籍發表與電視節目，以及接受來自海外的設計委託等領域。擅長蘇格蘭費爾島圖案和雪特蘭島蕾絲等傳統編織。細膩的用色與風格受到許多人的喜愛，近年來更以傳統編織為基礎，發表了眾多具有自由風格的作品。著有『手編みのソックス（中文版毛線襪編織基本功・雅書堂）』、『裏も楽しい手編みのマフラー（雙面都美麗的手織圍巾）』（均由文化出版局出版）

發 行 人／大沼淳
編　　輯／志村八重子・大澤洋子（文化出版局）
書籍設計／中島寬子
攝　　影／三木麻奈・藤本毅（プロセス）
造　　型／堀江直子
髮　　妝／河村慎也（MOD'S HAIR）
模 特 兒／Dominica・Rina Brown
製　　圖／增井美紀
校　　閱／野呂むつ子
製作協力／大坪昌美・大西文子・岡見優里子・高野昌子・平田禮子

【材料提供】
- room amie (Rowan) http://www.roomamie.jp/
- AVRIL http://www.avril-kyoto.com/
- Hamanaka Rich More http://www.richmore.jp
- DMC http://www.dmc-kk.com
- DAIDOH INTERNATIONAL Puppy事業部 http://www.puppyarn.com/
- HOBBYRA-HOBBYRE http://www.hobbyra-hobbyre.com/
- Hamanaka http://www.hamanaka.co.jp
- Createbell大阪營業所 http://www.amimono-kobo.com/
- Yarn room fluffy (雪特蘭製毛線)

mande …

particuliere pour faire dire une messe

pour le bon pere, le bon mari, nous

mais comme le pere est le plus

le Saint de tous les Saints et des

mort j'ai preferai autant que de

Sans doutte nous avons les pour

heureux le bon Seigneur, mais

il ne faut pas negliger de

faire prier autant que possible

…ette que tu le pense ainsi cher

pour cela comme pour tout je pense

partageons toujours les meme sentiments

dans la lettre de notre chere

…ne tu desirais savoir comment

le portrait de notre bon pere

en medaillon, pour porter le

moi, alors quel pour qu'il peut la

…bler, et tout a fait pour le

comme le tien, est tout a fait

je n'ai jamais vu une ressemblance

…ite, he bien un cadeau tres precieux

…ne ferais tu cher armand ungrand

…l ne peut pas le lire, il doit aller

et toute lamentaire il est occupais

nous avons bien

quitter le tram…

ete encore,

et un bien

pensons …

…tinuellement

…tete chose,

etions ensemble

Nous dinais

dimanche, la

aupres de toi,

nous avions

apres diner

elle est etonn…

avions per …

est etais …

…heure, sans

le bonheur,

nous aurions

vous pas de

…tre terre,

neillure …

en lui vas …

aux le moins

…tout arr…